U0701969

跨越式成长思维

0风险0成本职场转型进阶指南

赵默 著

海天出版社

·深圳·

图书在版编目（CIP）数据

跨越式成长思维 / 赵默著. — 深圳 : 海天出版社，
2022.7
ISBN 978-7-5507-3255-1

Ⅰ.①跨… Ⅱ.①赵… Ⅲ.①成功心理 – 通俗读物
Ⅳ.①B848.4–49

中国版本图书馆CIP数据核字（2021）第157747号

跨越式成长思维
KUAYUE SHI CHENGZHANG SIWEI

出 品 人　聂雄前
责任编辑　涂玉香
责任校对　聂文兵
责任技编　陈洁霞
封面设计　元明设计

出版发行　海天出版社
地　　址　深圳市彩田路海天综合大厦7-8层（518033）
网　　址　www.htph.com.cn
订购电话　0755-83460239（邮购、团购）
设计制作　深圳市线艺形象设计有限公司　0755-83460339
印　　刷　深圳市希望印务有限公司
开　　本　787mm×1092mm　1/16
印　　张　16.5
字　　数　194千
版　　次　2022年7月第1版
印　　次　2022年7月第1次
定　　价　42.00元

赵 默

职业发展战略顾问

上海若悦企业管理咨询创始人
世界 500 强企业人力资源总监
美国 BCC 全球生涯认证教练
智联卓聘高端人才职业发展顾问
今日头条青云计划职场评委专家
十点读书签约作者

过往 10 多年，帮助近 5000 位职场
人士、企业中高管和创始人，内外
突破瓶颈，成就自我。合作过的企
业有华为、腾讯、阿里巴巴、中兴、
融创、中信银行、华润集团、中建
集团等，同时是多家公司的常年企
业管理顾问。

职业瓶颈导师赵默官方媒体矩阵：

微信公众号、头条号、知乎、悟空问答、抖音、西瓜视频

作者官方微信公众号

个体风格：

风格时而如沐春风，时而一针见血，

以立足实效为基础，直击痛点，高效解决问题。

擅长领域：

针对
个体 ----- 职业发展和转型期的定位及后续系统解决方案

针对
企业 ----- 企业发展和转型期的定位及后续系统解决方案

● 推荐序 1

杨国庆
国家人力资源管理师职业资格鉴定专家
中国领导人才专业委员会理事
上海市就业服务中心职业咨询专家
上海财经大学 MPA 导师

我认识赵默老师已经好几年了。我俩是职业规划的同行，这让我得以时常关注她，看到她活跃在多个职业服务相关平台，为各种职场人士解决职业问题。近期欣闻赵默老师出版新著，愿借此机会就职业规划这一话题说一说。

成长可谓个体人生主旋律。许多人才在社会经济各个领域做着创造性贡献。与此同时，我们也会发现，很多人仅仅安于现状，或者虽有所追求而不得。究其原因，人与人之间差距的根本是思维的差距。本书书名为《跨越式成长思维》，旨在从思维角度对"成长"这一命题加以探索。成长是一个人不断突破自己、取得进步的过程，其中思维的发展与性格的成熟是重中之重。

遭遇职业瓶颈是职场人士的常态。赵默老师梳理了其中七类常见问题，相信这也是她在职业规划工作中经常遇到的。在她看来，这些问题主要是由于各种思维误区造成的，"职业瓶颈的产生是由于深层次的认知瓶颈和思维瓶颈"。职业规划操之在我，从根本上来说，取决于个体的认知水平。从这个角度来说，改变个体认知、提升自我效能是职业规划的重点，也是职业规划的难点。

故事可作为职业启示源泉。本书的一大特色是大量职业规划案例和故事。这是赵默老师十几年职业生涯规划的记录。"我们给孩子讲故事，是为了让他们入睡。我们给成人讲故事，是为了让他们醒来。"这些案例和故事能够帮助读者了解他人的真实世界，对照自己面临的问题，异中找同，对自己的职业生涯产生启发。同时，这些案例和故事使读者领悟人生哲理，指导学习、工作和生活。

当今中国处于物质文明日益丰富的新时代，在社会和组织发展中，人的重要性越来越凸显出来，人们所面临的成长困惑也会只增不减。我相信本书在职业规划过程中，能够帮助人们发现自己，在"成为你真正想成为的那个人"的过程中大有可为。

● 推荐序 2

王　毓

上海职培通总经理
上海浦东技师协会副秘书长
华东师范大学客座讲师

我认识赵默近十个年头了，其间看着她从世界 500 强企业的人力资源高管向生涯咨询创业者转型，在跨领域、跨行业的探索中，执着于"做自己"的初心，直到创建"心管家"，为更多的企业和职场人士做顾问，为更多的创业者赋能。

在人力资源领域工作的 20 多年里，我看到无数的职场人士迷失在职业发展的痛苦中，也认识不少职业规划领域的咨询师，但是将心理咨询、职业生涯教练技术以及优势领导力融合为一体的，并且根据十年 5000 起案例创建一套实战案例解决模型的，目前仅她一人。她不仅是多家企业的领导力赋能顾问，而且是职业突破瓶颈顾问，在职业瓶颈赋能领域造诣颇高。

今天，当凝聚了赵默 5000 多个实战案例精华和多年心血的《跨越式成长思维》面世时，你将从其独辟蹊径的实战体系中获得洞察人心的力量，从其与众不同的生涯教练技术中，领悟到突破瓶颈的方法，也可以从其娓娓道来的文字中获得心灵的慰藉。

无论是是站在人生十字路口的职场新人，还是站在事业巅峰欲冲破光环的成功者，你都将在赵默这本《跨越式成长思维》书中找到自己的影子，学会从认知思维的根本扭转中，发现真实的自己，从而找到属于自己未来更光明的路。

愿赵默为更多的中国职场人士掌一盏灯，帮助他们走出陷阱，做更好的自己，成为自己想成为的那个人！

● 专家推荐

赵默老师找到了一条非常精准且意义非凡的赛道——职场瓶颈赋能。她深耕这一领域已有十多年，帮助过华为、腾讯、中兴、融创等知名企业的中高管走出职场发展困境。

在职场中，每个人都会遇见职业瓶颈。很多职场中人在面临这一问题时不知所措。这对工作、对身心健康甚至对家庭关系都会造成较大的影响。如果你正面临职场瓶颈，强烈推荐你看赵默老师这本书。

——夏 波（晓知品牌创始人）

一本好书，乃作者多年的案例积累；42个思维框架，哪怕知行一二，也获益匪浅。赵默老师文笔自然流畅，论述层层推进，其强大的教练功底加上强有力的提问，每每引发读者深入思考。推荐你也一睹为快，唤醒内心的觉察力，行动起来，遇见更好的自己。

——邬咏梅（世简财税创始人）

这是一个选择比努力更重要的时代！职业生涯包括内职业生涯和外职业生涯。赵默老师从第三方顾问的视角，以突破思维和认知瓶颈为手段，通过一个个实战案例娓娓道来，助你觉察自己的天赋潜能，实现一次次职业超越！

——孙 越（国际九型领导力导师、跨国集团海外CEO）

● 自序

中国职场迷茫的根源：
认知和思维没有从根本扭转

不知不觉从事职业瓶颈咨询已经快 10 个年头了，从入职到现在开创自己的事业，很多朋友问我，做职业瓶颈咨询是不是很轻松，是不是衣着光鲜，出入各种高档场合，只须动动嘴皮，就可以年入百万。

对这些问题，我通常会微微一笑，不置可否。回想 12 年前，初出茅庐，我也曾经非常迷茫，我进行了各种与众不同的自我探索、努力和尝试，跨领域，跨行业，跨城市，从 HR 新人做到 HR 总监，最后到企业核心管理层，乃至自主创业，重新开始，我只有一个信念："我要找到自己，我要从迷茫中冲出来。"后来这 12 年的所有经历成为我的财富，令我无比坚定地走在"做自己"的路上，同时因为职业的性质，亲密接触了近千位处于职业瓶颈中的人，他们有自己的独特想法，只是由于复杂的现实原因及早期的职业失误，暂时困在其中无法自拔，也许你会很好奇，他们具有哪些特征呢？

有的不喜欢自己的职业，不愿听从父母的安排，左突右冲，企图逃脱藩篱；有的在职场中感觉能力得不到施展，多年来晋升困难，职场出现危机；有的一直希望发现天赋，找寻属于自己的天命；有的工作 10 多年，难上难下，遭遇瓶颈，转来转去，总找不到自己满意的职业；有的职业倦怠，工作无趣，被空洞吞噬；有的女性进入生育期，兼顾家庭，平衡职业发展，却举棋不定……

我深深地了解他们的痛苦，在多年的咨询工作中，有时我很犀利，一针见血；有时我很温和，和风细雨。我做的是帮助每一位前来咨询的人叩问内心、梳理心结、挣脱束缚的工作。有的通过定位咨询后找准副业方向，实现副业月入1万元；有的摆脱主业，定位后收入月入5万元以上。

只是排队咨询的人越多，我越发感觉无力。因为我虽然可以帮助一部分人突破瓶颈，但是范围是那么的有限。于是我深入研究所有咨询的案例，寻找他们的性格和思维突破口。我发现一个巨大的共性，那就是瓶颈的产生是深层次的认知瓶颈和思维瓶颈，他们的产生源于过往的成长经历以及自我无法觉察的思维陷阱。虽然我可以暂时帮助他们突破困境，但是职业生涯是伴随每一个人一生的，我只能陪伴他们走一段路，剩下的路需要他们自己去走，如果认知和思维瓶颈没有从根本上扭转，他会在下一段生涯中遭遇类似的瓶颈，这也是我要写书的初心。

于是，我花了近一年的时间将多年积累的经验倾囊而出，衷心地希望我的文字能陪伴深陷瓶颈的你，多一份前行的力量和智慧，也欢迎大家关注我的微信公众号"赵默"，我会持续和大家分享对个体瓶颈突破的最新思考。

2021年5月20日

赵默 写于上海

跨越式

成长思跨维

目录
CONTENTS

跨越式成长思维

PART 1

第1章

我很努力，
为什么依旧平庸

自古以来，中国人都相信勤劳致富。比如，企业家董明珠或褚时健，经过多轮的时代巨变，他们的企业依旧可以很好地活下来。然而，作为我们普通人，很多人困惑的是：为什么自己努力多年，即使高职高薪，可是依旧在行业内无法被看见，看起来依旧平庸？

是你不够努力吗？不是，是努力方向错了，再努力也是徒劳。

在本章，我们来探讨一下，如何在正确的方向上发力，成就你的未来。

高起点的你，
为何依旧"如履薄冰"

David 找到我的时候，已是晚上九点。他背对着我，站在写字楼的落地窗前俯瞰，窗外是万家灯火，一片绚烂璀璨。即便夜色渐沉，这座城市仍旧喧嚣热闹，车水马龙。

"你有没有觉得，即使在这里打拼多年，这座繁华的城市其实从未属于自己？"我递给他一杯热茶，有些不解地笑笑，等待他继续说下去。

作为见过多次的来访者，我很少见到他如此多愁善感的样子。在旁人看来，David 绝对可以被称作"人生赢家"，从初入社会一路打拼至今，虽然辛苦，但也算顺利，如今收获了体面高薪的职业，拥有很高的行业地位，家庭美满幸福，生活也过得有滋有味。

"不好意思，我最近总是有很多感慨。你是专业的咨询师，又比较了解我的情况，所以我想和你聊聊，听听你的建议。"

"可是据我所知，你刚刚跳槽到心仪的岗位，正是该庆贺的时候，你在困扰什么呢？"

"我明白你的意思，旁人的目光就像聚光灯，总是聚焦在我的行业头部地位、丰厚的薪水，给我戴上无数光环，可是却永远照不到我背后的辛酸和危机感。尤其随着年纪渐长，寻求职业的突破和给家庭更多的照顾就像套住脖子的绳索的两端，勒得我喘不过气来。"说到这里，他的眉头皱得更紧了。沉默了一阵子，他吐露出心声：

"我常常感觉自己如履薄冰，稍不留神，就会跌得粉身碎骨。"

01

从跟 David 的谈话中得知，他想要重新规划自己的职业发展路线。而 David 之所以时常感到强烈的职场危机感，可以从他的职业生涯窥之一二。

David 今年 35 岁。10 年前，他从南方一所管理类院校毕业。离开象牙塔，踏入社会，凭着对营销工作的满腔热忱，David 进入金融行业，从基础的销售岗位开始摸爬滚打。

但没过几年，David 就迎来了第一次"职场阵痛期"。由于不是金融专业出身，在向客户推荐合适的金融产品时有些力不从心，这为他的销售工作带来了阻力。他很快意识到，现在的工作无法让他将自己的销售才能完全施展出来，同时他看到了房地产行业的广阔发展前景，下定决心转行。而从原本熟悉的行业转向完全陌生的行业绝非易事，因为这意味着放弃了在原本行业积累的经验和人脉，其中甘苦，如鱼饮水。

在房地产行业重新开始，边干边学，凭着一股敢想敢做、不怕吃苦的拼劲，他的销售业绩在公司里一直名列前茅。由于业绩出众，5 年前他被提拔为销售经理。为了不断寻求更好的发展平台，后来他又跳槽到另一家地产公司，并且成功升职为高级销售经理。

一切看起来都非常圆满，可这时候的他却又再次陷入了困扰。

从他的话语中，我看到了他优秀的工作能力、辉煌的业绩，更看到他不满足于现状，不断寻求发展的性格和精神。正是这种不断反思求变的精神，让他常常处于焦虑和危机感中。

"那么最近发生了哪些事情，令你开始有了其他的想法呢？"我慢慢引导他敞开心扉，说出问题的所在。

他愣了一下，叹气道："你知道最近比较火的'996'吧？大家都说'996'很苦很累。而我呢，我可是'896'呀。职位上，我虽是中高层，但是在集团公司中类似的职位也不少，上面顶着总监的重压，下面得让团队成员心甘情愿干活，压力可想而知……而我的团队里大都是'90后'的年轻人，现在的'90后'和我们'80后'这一代不一样了，管理起他们来也不轻松。现在每到周一，我上班的心情都很沉重，总监稍微有所不悦，我就紧张不已。我是家庭的顶梁柱，家里刚添二胎，上有老，下有小。我不能轻易辞职，可又感觉现在的岗位没有上升空间，我该怎么办呢？"

说完，他开始陷入沉思，我也深深地感受到他背后的无可奈何。

02

David 的职场困境其实是很多步入中年的"打工人"都会面临的，往往表现为以下几个方面：

（1）职业发展停滞，向上很艰难

在我们身边，有一种现象非常常见，那就是"止步中层"。David 从基层岗位到中层，感觉顺风顺水，那是因为只需要拥有一定的团队管理能力以及过硬的专业技巧就能胜任，但是想提升至高层却像隔着一层厚厚的天花板，看不到上升的路径。

高层职位本身是僧多粥少，有志者必定要有超出常人的工作能力、决策能力、战略方向才可以华美胜出。

（2）自身成为夹心饼干，左右为难

David 当下的处境很像夹心饼干，对上谨小慎微，对下掏心掏肺。从他的叙述中可以了解到，他之所以感觉那么累，是因为希望与上下保持融洽的关系，他更多的是用忍受代替真实的想法，换来的却是上级的误解、下属的抱怨。

退让在职场中是一把纵容的刀子，割伤的往往是自己。

（3）家庭重担较大，不敢停歇

David 当下是家里的顶梁柱，家中又添了二胎，而他目前的工作让他感觉很难再向上发展。这些都让他感到生活的重担压得他喘不过气来，有种深深的无力感。

家庭只依靠一个人的力量往往是无以为继的，需要两代人以及夫妻双方深入沟通，共同着手去分担家庭的担子。

03

（1）打破思维里的墙，建立反向思维

听完 David 的倾诉，我已经清楚了他所面临的问题。在向他给出我的建议之前，我希望他可以先走出消极、焦虑的情绪，更客观地看待自己的

境遇，从而寻求突破。

"我现在的职业发展已经停滞不前了，能力更是无法发挥。"

当他再次抱怨当下自己能力受限时，我建议道："不如换个角度看问题，如果你希望充分发挥自己的才能，怎么避免职业发展的停滞？"

听到这样的反问，他愣了一下，不再抱怨，转而认真思考起解决问题的方法来。

只是简单地转换了看问题的角度，就可以将沉湎于焦虑情绪的当事人的思路引导到解决问题上，从而看清楚所面对问题的本质。

这便是职场翻身仗的第一步：转换思维方式。

（2）培养对人性的洞察力，避免一刀切

David 经过冷静思考后，注意到造成他夹在管理层与下属间两面受气的原因之一 —— 职场的背叛。

而这也是职场中人可能或多或少都经历过的痛。

David 提及，他之前曾非常看好一名下属，并且有意培养，希望他成长为自己的得力助手。可是这名下属在积累了能力和经验后，却逐渐站到了他的竞争对立面，不仅在日常工作中频频和他对着干，甚至经常去告状。David 一直相信"人性本善"，仍然礼待对方，一心指望他回心转意，现实却非常残酷。眼看自己的职场地位岌岌可危，David 却没有找到合适的对策。

我了解 David 性格中社会因子很强，这让他非常善于理解他人，协调团队，但是劣势也很明显，那便是太过善良。这样的性格往往会压抑自己的内在爆发力。

"我非常欣赏你的善良、富有同理心，可是我们在职场不能只抱着交朋友的心态待人接物呀！"我拍了拍他的肩膀说道。

我建议他将工作和个人情感更加严格地分隔开。尤其是在日常管理中，可以更多地站在中立的角度，从公司的各项规章制度出发，去表达自己的观点，以及公平严格地对待每一名团队成员。而面对老板，则增加沟通，时刻了解老板对自己的看法。如果产生误会，要及时进行解释，同时依据不同老板的特性，调整自己的应对方式。

如此，他与管理层和下属间的关系应当可以得到一定的缓和。

（3）培养对财务风险的预控力，增加多元收入

除了职场中的尴尬境地，David 焦虑的另一大原因便是财务的困境。

其实，这是很多步入中年的职场人所面临的困扰，由于来到职业的瓶颈期，薪水不再有明显的提升，而来自家庭的负担却越来越重。

我提议 David 发展一份副业。他回复早有这样的想法，但苦于不知道从事一份什么样的副业，以及如何建立第二收入管道。

他性格沉静，极具感性和艺术的天赋，而这些年从事房地产销售的他常常需要拍摄楼盘的实地图片，如果拍得美观则有利于销售工作的推进。久而久之，David 便练就了不错的摄影技术。他向我透露了擅长摄影的原因：

"小的时候，我特别喜欢看父亲用柯达胶卷拍出的各种照片，尤其是风景类的。我觉得影像非常神奇，所以一直对摄影很感兴趣。"

天然的兴趣加之后天的练习，David 找到了适合自己的第二职业。

我建议他开始时多拍多看，释放自己内在的潜能；接下来，可以参加全国的摄影类比赛，同时可以多在摄影的圈子内展示自己的作品；最后，慢慢在小范围内积累名气，渐渐获取副业的收入。

David 的经历对我们非常有借鉴意义。如果大家对当下的主业没有安全感，升职也暂时无望，但希望拓展一份第二职业，也可以参照这样的方法，从自己感兴趣且擅长的事物中选择一二，慢慢积累培养，使之成为自己财务状况的"安全伞"，增加对人生的把控力。

结束这次咨询以后，他长长地舒一口气，感觉心头的石头渐渐落地。看着他舒心的面容，我也衷心地祝福他，从过往的泥潭中走出来，走向更好的自己。

如履薄冰并不可怕，可怕的是用力过猛，掉进深谷。只要力道均衡，就可以在薄冰上舞出属于自己的华尔兹，舞出绚烂多彩的人生。

退一步未必海阔天空，
转变思维才会迎来转机

见到 Olive 的时候，她已经离开职场半年有余。可是从她疲惫的神情看来，从工作中解脱出来的她并没有得到休息。交谈中的她显得有些焦虑，情绪也很低落。

"我以为只要离职了，一切都会好起来。"她苦笑了一下，"人们常说，为了家庭要懂得付出，要适当牺牲。离职前，我在自己的工作领域也算小有成就，我对未来还有很多规划，我也有自己的野心，要实现自己的价值……可我都放弃了。但这样的牺牲换来了什么呢？"

我静静等她将积压的情绪全部宣泄出来。过了一会儿，她稍稍恢复了平静，向我说出了她困惑已久的问题：

"如何才能在照顾到家庭的同时，不放弃自己职业的理想呢？"

01

我非常理解 Olive 所说的为家庭做出的牺牲意味着什么，所以也非常佩服她急流勇退的勇气。

Olive 毕业于一所知名的服装院校，凭借着优秀的专业知识和出色的英语水平，她顺利进入一家知名的纺织企业，负责外贸业务工作。刚毕业的她没有什么牵挂，只想在这个大城市里奋斗出自己的一片天空。刚开始，她还是一名外贸业务员，风里来雨里去地跑客户，虽然是女生，可是跑业务的时候，不管时间多晚地点多远，只要能和客户谈上 10 分钟，她都愿意去。功夫不负有心人，Olive 由于业绩出色，慢慢地从业务员升职为外贸主管。虽然不再需要亲自跑业务，可现在的她需要分管国外指定客户全年的订单，旺季的时候整个部门可以达到 500 万美元的出口额。这样的成绩，对于一个单打独斗的职场女性，无疑是值得骄傲的。

可是在 Olive 组建家庭后，一切变得艰难起来，尤其是有了孩子之后，她越来越感到力不从心。

我询问她当时下定决心离职的原因。她无奈地提道："首先是工作方面。这 8 年来，公司整体的业务虽节节攀升，但是因为时差的关系，长期的日夜颠倒，令我的精力大不如以前。与此同时，从服装布料开发、选样一直到成品配料、订单履行、出货等，每个款订单都需要一条龙的周期，每一个环节都不能疏忽，在旺季交货或者交期叠加时，客户投诉等事情扑面而来，让我每天的心情就像坐过山车，现在。虽然升职后自己不用亲自操作，但是业务员的每一步工作我都要悉心过目，他们的工作或者工厂操作稍有偏差，我都要担责任。身心的疲惫让我真的觉得自己应该休息一阵子了。"

她继续说道："我和我爱人的工作都很忙，两个人累了一天回到家，只有瘫在沙发上的力气了，却常要为谁承担更多的家务这种事争吵。没有时间好好沟通相处，我们的感情也逐渐冷淡。周末答应了孩子要带她出去玩，却因为公司加班而爽约。看着她失望的样子，我也心疼。眼看着家里老人年纪越来越大，身体也不好，不能把家务和照顾孩子的重担都压在他们身上，我也想多陪陪他们，所以我离职了。"

"既然如此，你的离职不是应该让这一切都有所改善了吗？离职后，你又遭遇了怎样的困境呢？"我提出疑问。

Olive 感慨地说："是的，一开始一切的确有所好转。从繁忙的工作中抽身，我得到了喘息的机会。我可以分担更多的家务，也有了时间陪伴孩子和老人。我和丈夫的关系也得到缓和。可是，时间一长，家人渐渐忘记了我原本也是精明干练的职场女性，仿佛埋身于无尽的家务是我的义务。他们也不再意识到，我原本是放弃了职业的发展来为家庭付出的。我的价值不再受到重视和认可。就连我自己，也渐渐在柴米油盐中迷失，不再接收行业新知识，英语也有所生疏，我非常害怕自己与外界脱节，再也无法走入职场实现自己的理想。到底怎样才能兼顾事业与家庭呢？"

02

事业和家庭的平衡是一个长久不衰的话题，可是成全了家庭，自己的理想呢？我对 Olive 内心的挣扎与矛盾非常理解。在解决这种矛盾之前，我想先和大家聊一聊这"不甘心"背后深层次的原因："我要成为人上人"的性格。

以多年的从业经验来看，我发现，大部分离职后就后悔的职场人士，骨子里暗藏着对成功的渴望。而往往是家庭的熏陶加上后天职场的经历塑造了来访者这样的性格。

以 Olive 为例。在交谈中，我了解到她的家庭背景和成长经历。她生活在一个创业家庭，父母都非常有事业心。他们白手起家，通过自己的汗水与努力，为家庭创造了舒适的物质生活环境。在父母的熏陶下，Olive 从小就性格独立，相信美好的生活需要靠自己的双手打造，坚信自己可以掌握自己的命运。而且孩子总是以父母为榜样，父母的言传身教使她渴望变得优秀，成为"人上人"。"要活得比别人精彩"的种子由此在她心中扎下了根。

另一方面，她在步入职场后选择的是外贸岗位。众所周知，这份工作带来的身心压力大，但是成就感颇高，无形中满足了她渴望成功的心理需求。而离职后，这份充实感和成就感不再，个人价值没有得到他人认可，所以感到焦虑，寝食难安。

03

要化解家庭与事业的矛盾，兼顾好两者，第一步便是：剖析自己的定位。

Olive 提到之前的贸然辞职令她后悔不已，安心待在家庭，显然不是她的梦想。为今之计就是好好审视自己的处境，重新规划职业路线。

Olive 坦白道："身体和现实情况都不允许我再回到原本那种'连轴转'的工作模式了，既想照顾孩子，又要陪伴患病的老人，我需要一份不再受到时间、地点限制的全新工作。"

"那么你可以考虑自由职业，而这份职业必须能为你带来自我的不断增值，并且能成为你长期发展的事业。"我总结道，"我的建议是，你可以从过去的职业经历入手，并且充分发挥自己的优势与天赋。"

接下来，我为她提出了几条更加具体可行的建议，这便是化解家庭与事业矛盾的第二步：转换思维。

（1）放下家庭与事业互相矛盾的成见，学会借力

"最近热播的《都挺好》你看了吗？"我问。

她对我的话题转换有些惊讶："嗯……有看了一点，姚晨在里面的演技真不错，她是不是快 40 岁了？"

我笑着说："已经过了 40 岁啦，是不是一点都看不出来？在她的身上一点也看不出中年女星的疲态，好像永远神采奕奕的。凭借着这部戏，她又一次迎来了事业的高潮，实在是很厉害。其实我提她是觉得，我们可以学学她。"

看得出来，她有些不解。

我继续说道："我指的是学习她的绝招：借力。她之前演讲里的一段话，我特别认同。她说过，在拍戏之外，她享受创作的孤独，而杀青回家，她则享受'滚回红尘'的幸福。其实，家庭和事业并不一定是一对矛盾。相反，它们的关系可以是互相补充、互相滋养。我们在事业中孤独拼杀，虽然收获成就感，但缺少了那一点温情，而回到家就可以弥补这一点。家庭虽然温暖，沉溺其中就无法实现更远大的理想，所以充足电，我们需要再次回到事业中。这两者都能为我们带来幸福，少了其中一个就会感觉不太完整，我们应该好好利用它们各自的特点，善于用一方去滋养另一方，让自己在两者中游刃有余，才能获得更快乐的生活。"

"缺少了事业让你失去安全感，你就需要花费更多的时间投资自己，家庭的琐事可以交给晚托甚至家政的专业人士，以摆脱当下的焦虑。"

（2）尝试构建创新思维，学会创造

"可是我除了做外贸，什么也不会。"交谈中，Olive 好多次这样说道。

约翰·D.洛克菲勒曾经说过，如果你要成功，你应该朝新的道路前进，不要跟随被踩烂了的成功之路。

回归到我们普通人，我们很容易被过往的经验所束缚，我也鼓励 Olive 采取创新的思维，把目光范围扩大到整个市场层面，寻找一个是市场刚需，但是还没饱和的职业。

（3）开始尝试走向融合职业路线，学会充电

随着手机互联网的兴起，除了罗振宇和老梁等自媒体大咖以外，我们身边渐渐产生了很多全新的职业，比如家居整理师、色彩搭配师、家庭营养师等，满足了人们更多元化的需求。在我看来，随着人们个性化需求的增长，一些创新的职业也是从无到有慢慢发展出来的，这对像 Olive 这样渴望转型的人士而言，实在是一件好事。

而以 Olive 为例，如前文所剖析，她个性独立，多年与不同客户打交道的经历磨炼出她优秀的沟通能力。

另外，过往外贸服装业的从业经历使她对服装有种特殊的亲切感，尤其是对服装的品质和色调有着独特的见解。而她所在的城市属于一线城市，这里汇聚了很多参与商务活动的外国友人，这部分客户往往非常注重在不同场合的着装，从而体现自身的底蕴与气场。她的英语能力很强，可以给这些客户提供色彩搭配的一对一服务。于是，她最终决定转型为私人服装色彩搭配师。

我建议她可以从积累口碑做起，慢慢获得一部分收入，同时不断去学习色彩心理学等相关知识，并考取服装搭配师的相关头衔，为自己的后续职业不断增值。

咨询完，她长长地舒了一口气，原本疲惫的双眼里有了希望的光亮在闪耀。我猜她一定已经重新找到了方向，准备在新的领域大展拳脚了。

看着她远去的背影，我也深深地祝福她。

没有完美的职业，
但可以追寻更好的自己

来访者 Echo 是一个登山爱好者。在交谈中，她提到，只要一有空闲，她便会背上行囊，拿起地图，去征服一座座险峰。

在被问到为什么这么喜欢登山时，她回答：

"我发觉登山最大的乐趣并不是登顶的那一瞬间，而是你可以不断挑战更高的山峰，在不断超越自己的过程中收获巨大的成就感。"

她的回答令我印象深刻，也更加理解她接下来所提出的困惑。

如果将在某一职业领域持续发展比作登山，那么获得的大大小小的成就便是一座座成功登上的山峰。随着我们在同一领域深耕的时间增长，而物质增长和职业成就带来的喜悦却是边际递减的，所获得的幸福感理所当然也会减少。这便是 Echo 所遇到的问题。

"就好像有一天，你举目远眺，周围不再有需要你去挑战、去征服的山，你也渐渐失去了不断探索与超越的乐趣。"她感叹道。

"既然如此，你有没有考虑发展另一份职业，寻找新的挑战呢？"我问。

"我当然想过，可是思前想后，犹豫了整整一年，还是不知从何下手。我该怎么办？"

由于长期只专注于自身的职业领域，忽略了自己在其他方面的成长性，当 Echo 想要涉足新的领域时，眼前却是一片迷茫，毫无头绪。

01

我们从 Echo 的职业经历中可以看出，她想要寻找一份副业并不仅仅是因为无法在现有的工作中收获新的成就感，而且还有更多现实的考虑。

Echo 毕业于北方一所知名财经院校，一毕业便顺利进入一家规模很大的知名外企工作，一度成为很多同学艳羡的对象。

众所周知，财务工作往往千头万绪、琐碎繁杂，每天面对海量的数据，填制各种表格，还一定要保证精确。所幸 Echo 一向思维缜密，做事严谨，在工作中极少出错。由于做报表又快又准确，大家都叫她"大表姐"。不仅如此，Echo 还将攀登的精神用在工作上，利用业余时间考取了注册会计师资格证书。于是，她渐渐地从财务助理晋升为财务经理，分管部门的日常财务工作和关键性财务分析事务。

可是新的职位带来的成就感没有维持多久，Echo 就发现自己陷入了发展瓶颈。

"虽然晋升了，但是由于在一家发展成熟的外企，公司体制非常健全，分工非常细致，所以我只负责分管一个产品线的财务管理事务，我的日常工作被局限在了财务内部定期培训、报表审核和财务分析等事宜。虽说做起来游刃有余是件好事，可日子一久，难免觉得每天的生活都重复而枯燥。久而久之，人也没了斗志和热情。"Echo 感叹。

　　但真正让她下定决心想要发展一份副业的，还是 2020 年新冠疫情给各行各业带来的影响，让她产生了不安全感。

　　"从 2020 年开始，外企就陆续开始大幅裁员，所以从那时起，我一直在思考，如何找到一份副业。这样既能增加更多的职业体验，令自己充实起来，也可以抵御一定的风险。"她认真地分析道。

　　我点点头，表示赞同她的想法。

　　却见她叹口气继续说："但是做决定容易，实施起来却很困难。我现在希望鱼和熊掌都可兼得，既希望副业有趣、值得投入，又不希望它太影响主业。而我又很担心贸然投入，如果不合适，会白白浪费了时间和精力。所以，我应该怎样选择适合自己的副业呢？"

02

　　主业发展遇到瓶颈或是日复一日枯燥的工作让人失去热情，让很多不甘平庸的职场人士选择发展一项副业。可是在选择从事哪种副业时，却犹豫不决，不敢踏出尝试的第一步。

　　要解决这一问题，我们首先需要了解自己"为何如此纠结"。我发现大部分人在做选择时力求做到尽善尽美，都源自内在追求完美的性格。

　　一方面，这样的性格来自原生家庭对孩子成长过程的影响。如果父母有一方教育子女方式较为严苛，凡事都有着明确的规则和步骤，一旦孩子做错就会受到严厉的指责或惩罚，那么，为了避免被惩罚，他们渐渐成为特别听话的小孩。随着渐渐长大，他们的探索欲望渐渐被隐藏起来，世界成为一条条非对即错的标准，对自我的要求也是非常理性，追求完美，拒绝一切感性的念头。他们内在的价值观渐渐成为"我就是要做到尽善尽美"。据 Echo 自述，她的家教甚严，这既塑造了她勇于挑战的个性，也养成了她完美主义的性格。

另一方面，从后续的职业经历来看，财务岗位要求严谨细致，也会强化她追求完美的性格。但财务工作有着明确的标准，而面对副业的选择时，却没有非常明确的标准，这让她手足无措，一直想着"怎样选择一份完美的副业"，从而陷进这个念头里无法走出来。

03

找到了问题的深层原因，选择一份适合自己的副业，需要对自己的定位有清晰的认识。

Echo 对选择副业格外苦恼，是因为目前的主业耗费她许多精力，但她却不能对这份工作有所懈怠，所选择的副业也不能过多地影响主业。

"我所从事的是财务分析工作，这份工作往往需要我工作时全神贯注，占用了我很大的精力，尤其是季末年终的时候会非常忙，这就为我副业的选择带来限制。"她苦恼地说，"但是，虽然目前的工作不能再给我带来成就感，但现阶段家庭的开支很大，这份工作仍然是我主要的收入来源，对我来说很重要。"

"那你对副业选择是否已经有了些想法呢？"我引导着她做出选择。

Echo 点点头："是的。首先，我不考虑和财务相关的工作了，因为对这类工作我已经感到枯燥和厌倦了。而想要找到新的、合适的工作，就需要从自己的天赋和优势去考虑，才能事半功倍。"

我很赞同她的观点，我觉得 Echo 在分析自己的情况和提出对副业的要求时，条理十分清晰。她欠缺的只是放下尽善尽美的心理包袱，并且在他人的引导下，依据自身的优势，从纷繁众多的职业中挑出一个符合她要求并值得尝试的。于是，我向她提出了几条建议。

（1）放下完美执念，突破认知局限

"唐宋八大家"之一的苏东坡曾在词中写道："人有悲欢离合，月有阴晴圆缺，此事古难全。"

"其实，你想得越多，顾虑得越多，越是想要做好，越会沦为纯粹的空想，不敢踏出一步。"

本案例中的 Echo 思考了一年都没有实质进展，就是被完美主义的石头给阻挡了，在得失之间不断煎熬。

于是，我鼓励她："首先开始慢慢尝试将完美的标准拉低，试着去寻找中间区域。比如，哪些事虽然不那么十全十美，也没有十足的把握，但是你愿意试一试，就可以将这些事归到这个中间领域。然后从'我想去做'变为'我开始尝试做'，并且给自己一段时间。在这段时间内，暂时先不要管结果如何。等这段时间结束，再回过头来评估得失，决定要不要继续。这样既可以给你'开始的勇气'，也可以让你在情况不对时及时止损。"

（2）构建远见思维，学会增值

奥美互动全球首席执行官布赖恩·费瑟斯通豪在《远见》中提到一个发人深省的观点：你需要具备职场发展的远见思维，为自己制定出长达 45 年的职业发展规划。

回归到我们普通人，我们很容易被过往的经验所束缚。正如 Echo 所提到的，"这么多年深耕一个领域，让我觉得自己除了财务工作，并没有其他擅长的东西"。

但是在漫长的 45 年生涯里，有时候连我们自己都没发觉个人的潜能。我鼓励她建立远见思维，不要只关注具体的工作，而是关注工作背后需要我们用到的特质和天赋，挖掘潜能，以此为凭发展一条新的职业路径。

（3）走向全新副业路线，学会蜕变

随着手机互联网的兴起，知识界涌现出了很多跨界的知识大咖，比如马云不仅是阿里前总裁，还是一名厉害的演讲者以及太极馆馆主；俞敏洪不仅是新东方的创始人，还是多家培训机构的领导力导师。他们每一次的"斜杠"都为自己的生活增添了多样的色彩。

以 Echo 为例，她个性温和，钻研能力很强，同时对制作美食有着浓厚的兴趣和较高的天赋。而她过往多年的财务管理经验使她对数据有着超乎常人的敏锐，这对她来说就是一项可迁移的能力。

在经过深入的职业性格匹配和定位探索后，她最终的定位是营养师。当下时代，大部分对生活品质要求高的中高端白领人士，渐渐形成了轻食的生活方式，对营养的需求也逐步提高，但是快速的生活节奏，使他们没有时间合理、科学地搭配自己的饮食。这时候，他们便会寻求专业的营养师的帮助。可以看到，营养师是一个正在兴起并且非常有发展潜力的职业。而营养师的工作对时间、地点的要求并不高，也可以避免与她的主业相冲突。

营养师的工作涉及大量的卡路里计算以及科学的营养搭配数据，这正能发挥她的所长。与此同时，她自小就是一个美食家，不仅爱吃，还熟悉每

种食物的特性和烹饪方法。这也会渐渐加深她对新职业的兴趣，挖掘出她内在的潜能。

我鼓励她前 3 年重在学习和积累，考取国际营养师等相关资质，后续可以凭借自身的人脉，给周围企业的白领制定私人营养搭配食谱，慢慢在一个范围内集聚名气，将其做成属于自己的明星业务。逐渐地积累经验，打开市场，扩大服务范围，从而得到长足的发展。

当我们探讨出全新的副业后，她长舒了一口气，双眉也渐渐展开，纠结一年的困惑终于解开。

曾经有人说，每个人都是一摊水，如果你只看到河流冲刷给你带来的枯叶、泥沙，却没有看到活水，因此而自我封闭，你就会成为一摊死水。

当我们被自己的性格特质所限制而痛苦不已时，要记住，最大的敌人往往是我们自己。

当你开始向内挖掘自己的潜能，你会发现一个全新的自己，你也会打开全新的视野，这就是蜕变的巨大魅力。

职业低谷期，该如何自救？

　　Belly 找到我的时候，显得异常疲惫，她带着哭腔向我诉说道：

　　"赵老师，我最近压力大到快崩溃了。这段时间公司要求我转岗，给了我两个选择，要么是客服部，要么售后支持部。我已经在这个公司 6 年了，突然把我从业务核心部门调到支持部门，而且是我从未接触也不感兴趣的领域，看起来就像是变相赶我走。受到这样的对待，我都想要辞职了。"

　　感受到她当下的情绪很激动，我只能先安抚她。等她舒缓了心情，我才慢慢地问道："那你知道公司做出调动的原因吗？"

　　她点点头，无奈地说："我也知道，我最近的业绩和过去相比下降了很多。不仅是销售工作，我在带新人和日常管理等工作中也显得心有余而力不足……公司可能认为我无法胜任现在的工作。"

　　我理解 Belly 的处境，她应该是陷入了职业发展的低谷期，现在急须打一场漂亮的翻身仗，来走出低谷。

　　但在提到是否考虑换一份工作时，她摇头道：

　　"我对销售工作还是很有热情的，不愿意放弃目前的工作，只是我好像已经撞到了职业发展的天花板，怎么也无法再进一步，找不到出路，我该怎么办？"

01

想要冲破职业天花板，却找不到出路，于是一再地迷茫与纠结。这时候首先需要的就是静下来，回看自己是如何一步步走到现在的处境的。

Belly 毕业于北方一所知名院校的营销专业，工作后凭借吃苦耐劳的精神和出色的销售业绩，刚刚 30 岁已经是知名电商公司的销售经理。按理说，照这样的速度发展，Belly 的前途一片光明。可是就在 Belly 来到公司的第六个年头，事情开始不一样了。

随着互联网时代步步推进，传统的销售模式受到非常大的冲击。近一两年，他们的公司也不得不面临转型，从传统电销转为网络销售。

"我们也都知道现在网络销售很火，卖货又快，作为传统电销时代走过来的销售人员，肯定需要时间来学习网销，但这不是一蹴而就的事情呀！"Belly 抱怨道，"前期积累慢，公司等不及，便提出要培养新人，大力培养适合网销的新员工。但是他们虽然比老员工更快地接受网销模式，却不了解我们公司的产品，也缺乏销售经验。于是我总要指点他们，甚至得自己跟进。这样一来心累不说，自己也没有时间去冲业绩。而作为销售团队的管理者，每天还有大大小小的会议和管理工作，这更分散了我的精力。"

"眼看着季度到了尾声，我们团队的业绩根本无法达到指标。就在这个节骨眼上，公司提出了让我转岗。"说到这里，Belly 有些气愤。

"这对你来说的确不太公平。那除了上述的原因，还有别的原因吗？"我一边安抚她一边问。

她平静了一会儿，说道："当然还有大环境的问题。你看 2020 年新冠疫情发生后，不仅市场需求减少，对原本就走向衰落的传统销售行业来说更是雪上加霜。我们本来还可以依赖线下销售分担一些业绩压力，现在也不可能了。"

02

跟 Belly 聊到这里，我已经明白了导致她陷入职业低谷期的原因有哪些。可以说，Belly 的不断尝试和被迫转型都不是她的意愿，而是被困境推着往前。

在着手分析她的性格和职场优势前，我们需要梳理下她面临的主要问题。这些问题也是许多从事销售工作的职场人士将要或正在面对的。

（1）销售模式发生重大的变更

在和 Belly 的沟通中，我了解到，他们公司由于近年来受互联网其他平台的冲击，原有的市场份额慢慢缩小，从去年下半年开始转型互联网营销。

而这两种模式所需要的职场能力是不一样的：

电话销售属于遍地撒网模式，需要的更多是沟通、谈判与专业知识和能力；而互联网销售属于大海捞针模式，除了上述能力还需要平台对接能力和品牌影响力等。

他们公司当下转型做互联网销售，虽同是销售，却千差万别。打个比方，同样是买手机，大部分人都会优先选择苹果、华为、小米三大品牌，这些都是品牌自带的强信任力。而这一点在网销时代更加突出。这对一些还没有形成品牌效应的产品来说，打开市场就显得更加困难。

这不是依靠短期培训就可以提升的，还需要慢慢积累口碑。

（2）新人不给力

在沟通中，Belly 提及团队成员大多是"小白"，带领起来非常辛苦。从多年的职业经历来看，团队管理不仅仅是单纯的知识与经验的教授，还要求管理者有"适当授权"的能力和影响力。

Belly 提及由于害怕新人做不好，大部分事情都要她亲力亲为。长此以往，一方面自己劳心劳力，另一方面员工也会觉得理所当然而丧失责任感。"适当授权"的能力是指充分的信任，有选择地授权，提升员工的能动性。

作为团队的领导者，Belly 也要体现自身的闪光点，有自己独特的性格特质，才能使下属们更加愿意追随她。而她目前更多的只是体现老师的身份，缺少影响力，这也是她的软肋。

（3）管理事务繁杂

Belly 提及除了自身的工作以外，大大小小的会议以及客户疑难问题也接踵而至，无法逃避，耗费了她大量的精力。

她需要提高"时间管理"能力，并在有限的时间内做出更加有效的决策。

03

当所有的工作海浪般侵袭过来，每一项都让人异常吃力，除了感到巨大的压力，还会渐渐丧失自身本来的优势。Belly 应该从哪几个方面来改善目前的处境呢？

（1）从事件中跳脱出来，更新自身能力

如果一直沉浸在低谷期带来的挫败感和公司不公正的对待带来的愤怒感中，那么只会沉溺于痛苦，从而失去了突破困境的力气。我建议 Belly 从之前"转岗"的事件中跳脱出来，以旁观者的角度来审视自身所需提升的能力。

Belly 被提升为销售经理后，不论是面对销售、新人管理还是繁杂的日常事务，她所依赖的能力便和作为销售人员时大不相同。这时更多的是依赖她自身的"软实力"。这些能力不仅仅需要自身的敏感度，还需要阅历和对人性的深入把控。她升职了但是思维却还停留在以前的岗位上。我鼓励她既然第一次成为领导者，可以尝试向其他的团队管理者学习，借鉴他们的经验，提升自身的管理技巧。

（2）尊重自身的价值观，做出正确的优先选择

其实在职场发展的道路上感到迷茫，很大一部分是因为忘记了自己的初心，忘记问问自己最看重什么，最想得到什么。换句话说，没有尊重自身的价值观。

我问她："你刚升职销售管理工作时，内心对这份工作有什么期待呢？"

"其实对我来说，升职的喜悦不仅来自地位、生活水平的提升，更多还来自可以借这个机会传授自己这些年来积累的销售技能和经验，培养更多的销售人才。"她的语气很诚恳。

我能感觉到她真的对销售事业很有热情，对公司忠诚度很高，乐于奉献和共享。所以，她在培养新人这件事上花费的时间也最多。那么，可以利用她的这个特点，在培养新人、技能传输上首先找到突破口。我建议她改变带新人的方法，在教授他们销售方法后，不要把所有事都揽在自己身

上，适当地让新人独当一面，让他们在实践里试错，弥补销售经验方面的不足。这既能节省她的精力来为业绩努力，也能让新人快速成长起来。

（3）设想最坏的情况，提前做好心理准备

众所周知，大多数公司的销售部门属于利益最大化的部门。因此，即使你呕心沥血地付出，如果业绩不能达标，依旧会出现被淘汰的情况。

举个例子，在销售部门，往往以业绩说话，很可能你辛辛苦苦培养出来的员工，只要他能拿出漂亮的业绩，便可以取代你，或者隐瞒着你自立门户。所以我建议 Belly 提前想好风险防范的策略，对待心机较重的下属，保持相对的距离感，同时对踏实可靠的下属委以重任。

我也提醒她，如果公司不再给她调整改变的机会，而是强制她立刻转岗，她也要做好心理准备，为自己想好退路。

咨询结束后，Belly 清晰地了解了她当下的处境，以及需要重点突破的方向。她准备去找销售总监做深入的沟通，争取改变调整的时间。同时，她会改变对待下属的态度，转变培养新人的方法，渐渐弥补自身的不足点，精进自身的管理能力。

看着她远去的背影，我衷心地祝福她未来一切都好。

生命不是要超越别人，而是要超越自己。如果不去尝试，你永远不知道自己的潜能有多大。希望每个人都能突破自身的限制，找到方向，实现自己的终极理想。

正视现实，
学会自我职业调适

这次我要带大家认识一位特殊的来访者，她叫 Lily，是众多海归求职者中的一员。

01

30 岁的 Lily，7 年前毕业于我国南方的一所财经类院校。起初，她拥有一份安稳的金融审核类工作，5 年后因不满一成不变的职业特性，她选择去澳大利亚攻读金融分析硕士学位，以求镀金。两年里，她花了近 100 万元的学费，同时也攻克了难度系数极大的 CFA（特许金融分析师）考试。毕业回国后，她一心想要从事金融分析岗，但没想到现实与想象差距如此之大，求职半年来她屡屡受挫，陷入困境。

Lily 说："我是金融出身的。其实原本来说，我的第一份职业非常安稳，没有风险，每天只要按部就班地完成审核工作就好。但是，我觉得自己还年轻，就想去折腾一下，希望能够有更好的发展。加上看到身边有朋友出国后回来薪资翻倍，我就走上了出国的道路。"

从她的话语中，我能够感受到她当初的激情。同时，我也看得出她依旧沉浸在海归光环里无法自拔。我问她："你觉得出国留学这两年得到了什么，又失去了什么呢？"

她稍稍愣了一下，然后对我说："刚去国外的时候，我总感觉特别孤独，而且很多方面都不太习惯。其实，我的家庭并不像一般人想的那样富裕，我不是富二代。我出国留学的费用，是我的父母卖掉一套早年的祖屋，加上他们多年的积蓄才凑出来的。所以，我在国外一直勤工俭学，学习也非常刻苦。我觉得这两年我获得了包括独立在内的多种优秀的特质，回国后我一定能顺利找到满意的高薪工作，尽快偿还我父母的辛苦钱，并报答他们。但是，我万万没想到回国后的求职之路这么难，而且，真的，随着年龄的增长，我好像失去了当初的勇气。"

说完，她渐渐低下了头，陷进了沉思。

02

其实，像 Lily 这样留学回国后遭遇求职困境的海归不在少数，那么问题到底出在哪儿呢？

我们先来看 Uni-career（一家在线职业技能学习机构）发布的《2019海归就业力调查报告》，其中显示，我们曾经无比羡慕的海归，有近三成2018 年的实际工资不足 10 万元，而有近五成则期望 2019 年可以拿到 10万～15 万元的年薪。从薪资水平上不难看出，海归已不如往日风光。

实际上，近几年，留学热的浪潮开始减退，留学渐渐回归理性，海归在我国庞大的就业大军中已不再是招聘者争抢的香饽饽。

从我接触的多起海归案例来看，这种现象的出现，如果归结到海归求职者本身，症结就在于，留学往往产生高投入，而高投入又使人产生高期望值，只聚焦高产值的职业，最终因现实差距造成巨大的心理落差。

那么，对于像 Lily 这样的海归求职者来说，很显然，解决问题的关键不只是如何定位，更多的是自我职业调适。针对这一个问题，我们共同探讨了 Lily 面临的三个纠结点：

（1）年龄增长，勇气缺乏

Lily 提及自己当下的求职困境，说最对不起的是她的父母，她有点后悔当初的一时冲动。我感受到她的迷茫和无助，虽然镀金归来，但年龄的增长等都让她面临新的求职障碍，她难免觉得受挫。在这样的挫败感之下，她曾经以为年轻还可以折腾一下的勇气耗尽了。

其实，对我们所有人来说，挫折很正常，重要的是怎样从当下重新正视自己。

（2）在海归和 CFA 的光环下，自视甚高

Lily 不止一次地告诉我，她身边那个留学归国的朋友现在混得风生水起，而自己却陷进窘境。对此，她很不理解。实际上，这不难理解。她的朋友和她回国的时间相差三年，这三年足以发生翻天覆地的变化。

三年前，国内金融人才极度稀缺，供小于求。时至今日，随着金融人才数量的攀升以及金融市场整合监管力度加强，供大于求，边际效应（指其他投入固定不变时，连续地增加某一种投入，所新增的产出或收益反而会逐渐减少的现象）带来的差距也越来越大。

（3）职业发展受阻，和预期大相径庭

Lily 回国后一心想从事金融分析师的岗位，可是求职信投递给近百家金融企业后，要么是石沉大海，要么是希望她从市场岗位做起，慢慢过渡。

产生这一问题的原因在于，金融分析师在企业内部属于核心岗位，要求任职者有多年的实战经验，具备胜券在握的分析能力，否则对于企业可能造成的经济损失将难以预料。因此，企业不会轻易将这一职位交给一个没有任何实际工作经验的求职者。作为求职者，应该对此有所理解。

03

找到了问题的症结，要走出困境，我建议 Lily 至少做到以下三点，同时也供身处类似境遇的海归求职者参考。

（1）卸下理想的包袱，重新正视自我

从和 Lily 的交流中不难发现，她在求职屡屡受阻后，仍未能卸下理想的包袱。她当下最大的问题是，她认为她有能力并且只想进一流的金融企业从事 CFA 岗，其他一概不考虑。但是，这其实只是她自我的感知，她忽视了企业真正的需要。

为此，我尝试向她提出建议："其实，你可以换一种思考方式。既然一流企业很难进，那为什么不可以退一步，到二流的企业去从事初级的CFA 呢？"

我鼓励她降低自己的职业期望，正视自我，先以积累经验为主，提升自己的核心能力，几经历练，未来她的竞争力必然会增强。

（2）摆脱光环效应，持续精进自我

不得不承认，每个人都可能受光环效应影响，我们常常会被他人的光环迷倒，也往往会沉浸在自己的光环里而迷失自我。这就是人性的一面。

和 Lily 聊天，你会发现她有很多优点，比如性格很直，敢想敢做，行动能力很强。但是，她的劣势也很明显，就是很容易陷进过往之中，患得患失。这就是光环效应造成的。

Lily 现在要做的就是面对和接受现实，放下海归的光环，站在企业的角度，努力培养自身实战技能，精进自我。

（3）培养独特分析力，创造巨大价值

很多职场人士都易陷进这样的误区，一心想着高薪，却不去思考高薪背后的底层逻辑，那就是你能创造高于你薪资的几倍价值呢？

当我向 Lily 提出这个问题时，她沉默了。因为她心里清楚，分析岗需要不断地去研究，理论只是基础。而研究是个漫长的过程，必须至少经过一个完整的经济周期才会有所收获。那么，现在对只拥有理论基础的她来说，还要走很长一段路。她还需要经过不断的历练，不断增强实战经验，提高分析技能，才能创造出巨大价值，也才能获得更好的薪资待遇。

"我想你已经彻底明白了。那么，我们在职业发展前期是不是就可以放低对薪资的要求，以能够增强自己的分析技能为主要考虑因素呢？"最后，我笑着向她提议。她点头表示认可，相信她已经有了方向。

抛下认知束缚，
探寻不一样的人生

不知道大家还记不记得在《都挺好》这部电视剧中，海归金领苏明哲经历裁员风波的剧情。当时，就有一位网友发帖说：自己年薪170万元左右，如今40多岁，到了职业瓶颈期，想平薪跳槽，但投出去的简历基本没有回复。

这其实反映了当下非常残酷的现实：当我们的职业发展遇到瓶颈，想另辟蹊径时，却也困难重重，以致进退两难。来访者Mike就陷入这种夹缝中。

01

Mike，35岁，10年前毕业于我国南方一所知名院校软件工程专业。凭借自身优异的成绩，当地一家知名国企向他伸出了橄榄枝，他顺利成为一名软件工程师。

看起来，这份职业体面光鲜，但背后到底发生了怎样的故事呢？

"我刚进这家企业的时候，工程师非常稀少，整个行业也不足100个，所以我在企业内受到各种优待。"Mike慢慢向我倾诉。

我笑着说："那不是很好吗？究竟出现了什么问题呢？"

他对我说："我本来也以为就这样安稳地过一辈子了，就按部就班敲着我的代码。可是，近几年国企改革不断深入，技术也不断迭代。随着新技术的引进，我感觉自己快被淘汰了。我想学，却发现完全学不进去，突然开始有了危机感。我在想，假如我不做技术，我后半辈子该怎么办？"

他满脸愁容，继续说道："实在没想到，我都快40岁了，却开始为未来发愁了。10年弹指一挥间，我想转型做产品，可是投递简历后都没音讯。我感觉自己快废了，怎么办？"

通过他的倾诉，我了解到，其实这一年，他一直在寻找转型的方向，但是要么被嫌弃年龄过大，要么被回复说不需要。这使他陷进了深深的泥潭。

02

我对 Mike 的境遇很理解，也很同情。要帮助他解决问题，就必须找出他的问题究竟出在哪里。仅仅只是因为年龄吗？通过排查和诊断，我发现并不只是这样。我梳理了三个关键点：

（1）技术迭代，自身却无法迭代

Mike 所在企业的主要业务是运用 C++ 编程语言开发软件。早些年PC 端比较盛行的时候，前期企业产品比较简单，偏重于 PC 端的软件开发，基本一个产品上线后几年也不会迭代，所以他就没去尝试学习其他的新技术。

可见，Mike 长期处于一种自我停滞的状态。由于国企本身的安逸，他将自己的技术重复了 10 年，为他后来的隐患埋下伏笔。

（2）国企改革，自身危机感来袭

Mike 说国企改革是他当下面临的最大危机。一方面，工作 10 年，随着年龄增长，他已经习惯了目前的状态；另一方面，他没有做好准备，面对改革，感觉猝不及防。

我完全可以想象得到，如果不是国企改革，他也许这辈子都不会意识到他也会面临被淘汰的风险，这对他来说无疑是当头一棒。与此同时，他开始审视自己的未来是否会把技术作为后半生的职业，对他而言，强大的职业瓶颈已经形成。

（3）转型做产品，新职业优势不足

Mike 最近一直在投递简历。他想转做互联网产品，可是投递出的简历都石沉大海。

而最让他困扰的是，他想转型做产品，却发现自己之前的经验毫无用处。而且，他年龄较大，接受能力也远远不如职场新人，和现在的大学毕业生相比，他好像完全丧失了优势。

03

从 Mike 本身的职业发展脉络来看，似乎找寻不到转型的出口。但既然理清了问题所在，结合他自身的实际情况，经过一系列性格和定位等分析梳理后，我建议他从以下三点出发，走出两难境地。

（1）抛开过往经验，精准预测未来

我们往往会忽略一个事实，看似积累了很多年经验，但还是会面对一个残酷的真相：当时代发展，你的经验对新行业来说一文不值。

正如 Mike 所处的困境，我们的社会已经逐渐走进手机互联网时代，PC 端所适用的技术渐渐被适应手机端的技术取代，应用的场景也越来越狭窄。

对 Mike 来说，我鼓励他用未来的视角，尝试了解新技术，如 AI 技术、物联技术等，因为拥有这类技术的新兴人才已然成为香饽饽。全套的模型，全新的领域，对于拥有这类技术的行业，即使不从事相关工作，了解其动态也是非常重要的。当然，针对他说的技术迭代太快，学习新技术对他来说非常吃力这一点，我建议他开辟一条交叉的路径，这样也能节约转型成本。

（2）放下年龄束缚，探寻内在潜能

年龄，往往是横在我们面前的巨大障碍。大部分人会在转型的过程中，因年龄放弃想要追寻的梦想，从而隐藏了自己的巨大潜能。

Mike 说，他的年龄已经过了 35 岁大关。他现在太害怕失败，担心失败后再也没有退路，家庭也会受影响。

为此，我尝试诱导他去探寻自己内在的潜能："你仔细想一想，你过去除了本职工作，做过哪些值得你自豪的事情？这些事情也许会让你觉得原来你可以把这件事做得这样好。"

他慢慢回忆，先是想起曾经因为产品性能问题和市场部同事一起去拜访客户，那个同事中途因急事离开，他一人竟完成了产品的成交。再往前推，他想起大学时他是学生会主席，谈判能力和组织能力都深得同学和老师赞赏。想起这些的时候，他脸上的表情是愉悦的。

我说："你瞧，你的才能被多年的工作给耽误了，你完全可以像刚才这样去挖掘自己的潜能，并找到释放自己潜能的一份工作。"

（3）放弃新行业转型，决断新职业方向

有的时候，转型方向错误，`转型成本便会成倍增加。

Mike想转型做产品，但当我了解他投递简历的公司后，发现行业跨度非常之大。

结合他自身的优势和性格，我最终建议他定位于他所在行业的销售工程师。一方面，从和他的沟通来看，他的思维很活跃，沟通力很强，非常适合从事销售管理。另一方面，他有着多年的技术功底，对他所在行业的产品也是了如指掌，而这个职位对技术的要求是有较高门槛的。这样一来，他既可以不用降薪，又能满足转型需求，两全其美。

Mike最终欣然接受了我的建议。

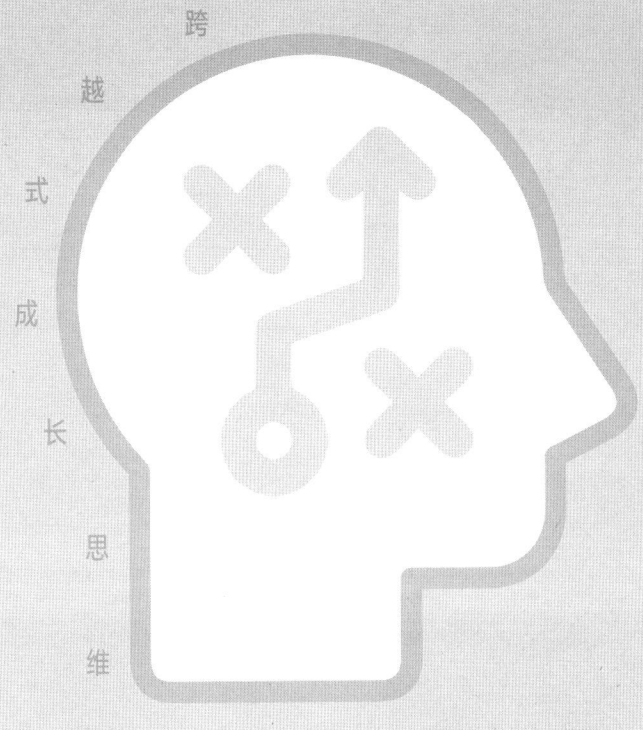

跨越式成长思维

PART **2**

第 2 章

克服职场焦虑，
转型助你开始新起点

过去，我们祖辈父辈的职业基本都是一成不变的，没有竞争，很少担心失业。虽然工作很忙，但是基本可以一辈子安安稳稳的，幸福指数很高。

但是时至今日，你会发现越来越多的职场人对未来都有着不同程度的焦虑。焦虑的源头，归结起来不外乎对当下的不满以及对未来的不可控。不满当下者多数是因为职业发展停滞不前，但还有一个我们容易忽略的原因，那就是你现在的选择早已错位，而你却浑然不知。面对这种现状，通过零风险成功转型，从第二职业开始尝试，或许能帮助你找到新的起点。

被隐形的职场老黄牛，如何逆风翻盘

现实生活中，总有一些人在一个岗位上坚持数年，辛苦付出，却始终无法实现突破，最后甚至面临被淘汰、被取代的风险。那么，这些人怎样才能抓住职业拐点，实现弯道超车呢？下面我们就来认识一位遇到类似情况的来访者，看看我是怎么帮她解决难题的。

这位来访者叫 Kiki，找到我时，她显得异常焦虑，说："赵老师，我现在很想转型，但完全没有方向，希望你可以帮助我。"

01

Kiki，31 岁，硕士，毕业于某 985 大学新闻系。毕业后，她通过校招，凭借自身优异的成绩，获得一家知名金融企业的青睐，顺利进入这家企业从事行政工作，一做就是 5 年。

本来这份职业波澜不惊，安稳可靠，可是后来发生的事情令她纠结不已。Kiki 稍微平静了一下，慢慢地向我诉说："我刚进这家企业的时候，以前行政职员刚离职，我一手接下了公司所有的行政事务，包括固定资产盘点、公司年审、办公物品采购等。就这样，我一做就是 5 年。我一直觉得只要自己兢兢业业，领导是看得见我的付出的。

"后来由于公司设立新的分公司，我的岗位也新增了几名员工。本来，我以为今年可以晋升的，可是却突然空降了一名行政经理，我一下子蒙了，手足无措。

"实在没想到，我辛苦 5 年，薪资到现在还是只有 5000 元，刚寻思着能晋升，却被一名比我年龄小的'空降兵'给取代了，我成了她的助手，还要在这个岗位上继续待下去，我不知道还有没有坚持的必要。"

其实这 5 年，和她的预期差距很大。行政事务对她来说，琐碎繁杂，是无尽的单调枯燥，但是本着不能半途而废的信念，她一直在苦苦坚持。她唯一的期待就是通过努力工作增加自身含金量，慢慢晋升到管理层，可是希望最终完全破灭。

她现在一心想着离开，可是考虑到已结婚生子，这稳定的工作又让她难以割舍，但继续坚持，她又怕自己迷失。

02

其实，Kiki 的案例很典型。"职场老黄牛"付出最多，却往往成为隐形人，原因在哪里呢?

综合这一类的咨询案例，80% 的"职场老黄牛"在职场中渐渐走下坡路，一般会有以下几个原因:

(1)以为"是金子总会发光"，勤恳却无功

很大一部分职场老黄牛都和 Kiki 一样，以为"是金子总会发光"，只

要在工作中勤勤恳恳，领导总会看得到，会赏识和提拔你，殊不知在别人眼里，这都是你应该做的，这是你的岗位职责。

职场是很现实的，不能有过，勤恳是必须的，付出和收获未必对等。企业重视的不是你究竟付出了多少，而是你的付出为企业创造了多大的价值。说得通俗一点儿，就是企业看的是功劳，不是苦劳。

（2）考虑问题思维单一，忽视企业视角

大多数职场老黄牛总是站在自己的角度考虑问题，认为自己工作起来兢兢业业，为企业发展付出很多，一旦有晋升机会，领导一定会提拔自己。实则不然。

下面我们就来看看企业的思维逻辑。

首先，一家企业某些时候不愿意培养管理人才而选择外招，究其原因，一方面是和企业的文化土壤有很大关联，即企业不具备培养的基础和能力；另一方面，同样的条件，企业永远只会选择性价比更高、成本更低的人才，而且外招会激发内部活力，产生"鲶鱼效应"。

其次，行政部门不是企业的核心部门，更多的是支持部门，尤其是在金融企业。如果想要从行政岗位获得晋升，除了事务性能力，关键是你是否有影响力以及处理复杂事务的决策力。如果没有这些能力，注定不能被重视，这不是工作年限可以改变的。

03

毫无疑问，Kiki 正是因为陷入以上思维怪圈才走到今天这一步的。随着咨询的深入，我逐渐发现了 Kiki 的两点特质。根据这两点特质，我向她提出了解决方案。

（1）敏感细腻的感性特质

最初，Kiki 给我的感觉是为人小心谨慎。但后来，我发现其实不是。当我鼓励她慢慢回忆过往学生生涯和职业生涯中令她有成就感的事件时，她打开了话匣子。

"我读研究生的时候，可是学校里的积极分子。我还记得，在一次户外的拓展活动中，我想出的活动点子受到大家的一致好评……

"有一回，公司组织了一次线下营销活动，但当时的策划岗空缺，新员工还没入职，策划工作就交给我了。我着手策划了丰富有趣的活动……将现场气氛推向了高潮，受到营销部的大力称赞。"

我仔细听着她的回忆，发现她的言语很跳跃，也许听上去会觉得她的思路、逻辑不太通畅，但这恰恰是她感性特质的最佳体现。

我通过 DISC 模型对 Kiki 进行了个性测验。所谓"DISC 模型"，就是国外企业广泛应用的一种人格测验模型，用于测查、评估和帮助人们改善其行为方式、人际关系、工作绩效、团队合作、领导风格等。DISC 个性测验由 24 组描述个性特质的形容词构成，每组包含 4 个形容词，这些形容词是根据支配性（D，英文单词 Dominance 首字母）、影响性（I，英文单词 Influence 首字母）、稳定性（S，英文单词 Steadiness 首字母）和服从性（C，英文单词 Compliance 首字母）4 个测量维度以及一些干扰维度来选择的，要求被试者从中选择一个最适合自己和最不适合自己的形容词。测验大约需要 10 分钟。

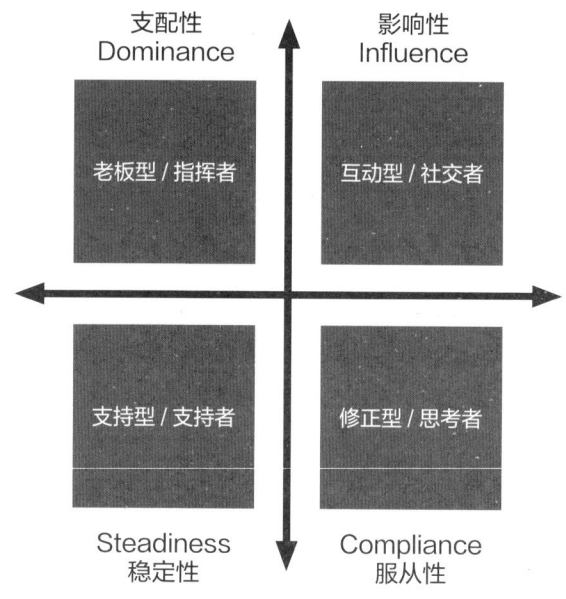

DISC 模型图

综合 DISC 模型来看，Kiki 性格温和善良，同时较为敏感，思维活跃，不太适合从事一成不变的职业。而行政岗做到一定阶段后，必须具备发展的全局观和十足的管理魄力，这也不适合她。结合她的性格特质，体现创意价值的职业更符合她的特质。

（2）创意与分析的职业特质

交谈中，Kiki 说她平时特别喜欢参加辩论类的沙龙，很喜欢分析语言背后的逻辑，沉浸在思维的海洋里，乐此不疲。

我们又通过霍兰德模型做了职业兴趣测验。霍兰德模型是美国约翰·霍普金斯大学心理学教授、著名的职业指导专家约翰·霍兰德创建的。他于1959 年提出了具有广泛社会影响的职业兴趣理论，认为人的人格类型、兴趣与职业密切相关，兴趣是人们活动的巨大动力。他将人格分为现实型（R，英语单词 Realistic 首字母）、研究型（I，英语单词 Investigative 首字母）、艺术型（A，英语单词 Artistic 首字母）、社会型（S，英语单词 Social 首字母）、企业型（E，英语单词 Enterprising 首字母）和常规型（C，英语单词 Conventional 首字母）6 种类型，并创建了正六边形的模型。

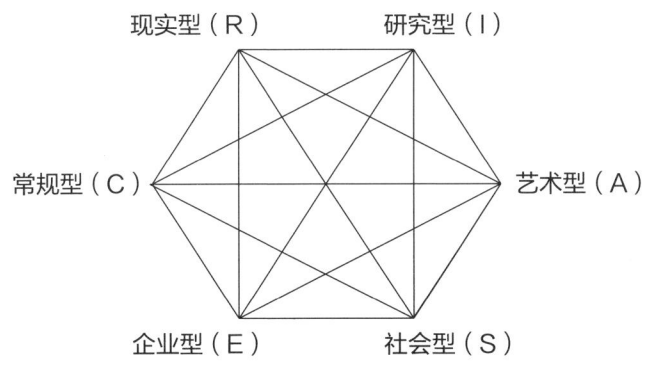

霍兰德模型图

通过测验结果来看，Kiki 偏艺术型，同时脑洞较大。有这种特质的人非常不擅长从事琐碎的职业，这会使她的艺术细胞被压抑，长久下去，会埋没她的创意特质。

通过上述测验，结合 Kiki 新闻系研究生的背景，我最终给予她的职业建议是文案策划专员，这既符合她感性的性格特质，也可以释放她的创意思维。

过了一段时间，我收到她的反馈："20 多岁的时候浑浑噩噩，傻傻地努力却换来被忽视；如今的我虽 30 出头，但是重新焕发了激情，仿佛回到了20 岁。我终于知道了自己擅长什么。我相信，不管未来怎样，我可以凭借自己的努力，一步步走到理想的彼岸！"

摆脱负面信念，
突破职业发展之路

很多人都有过这样的经历，想要去尝试某件事情或者做出某种改变时，内心总会有另一个声音蹦出来，说"不可能""我不行"。就是这样一个声音，将我们轻易就打回原形，让我们始终在原地踏步。在职场中，也是如此。当你被内心强大的负面信念击倒时，即使给你再好的机会和支持，你也不敢迈出改变职业发展之路的第一步。

那么，面对这种情况，怎样才能摆脱"不可能"等负面信念的影响，勇敢抓住机遇，做出改变，获得更好的职业发展呢？我相信，从来访者Tina的咨询案例中，你一定能找到答案。

01

Tina，31岁，8年前毕业于我国南方的一所财经院校，进入当地一家知名集团，从事采购一职。

见到她时，她面容憔悴，好像背负着很大的思想负担。她说："赵老师，我现在颓废极了，在公司，我每天的工作就是下单、审货、催单。我感觉自己成了一个机器，毫无价值。"

感受到她深深的无力，我问道："听你的语气，你非常不喜欢采购这份工作。可以告诉我，在这 8 年时间里，你都经历了什么吗？"

沉思片刻后，她说道："当初选择服装采购这份工作，是因为觉得它没有销售那么大的压力，比较安稳，薪资也有保障。但是这几年，因为资历，我被提升为采购主管。可升职后，工作压力越来越大，不仅要应对供应商，还需要处理错综复杂的内部关系，这一切真的让我心力交瘁。我越来越不喜欢采购员这个职位，不知道该怎么办。"

明明不喜欢，却坚持了 8 年，背后应该还有更深层次的原因。于是，我接着问道："这 8 年里，你有没有想过改变些什么呢？"

她告诉我："我中间有过好几次不想干的冲动，但又觉得不做采购，自己绝对不可能有新的发展。再加上女儿出生了以后，我要用更多的精力照顾家庭，就这样拖着拖着，一直停在原地。可最近我突然觉得我已经 30 多岁了，不能再这么颓废了，是时候给自己寻找一个明确的发展方向了。但是，我真不知道我还能不能接受新的挑战。"

02

在经历了漫长的职业颓废期后，Tina 开始醒悟，准备结束这段心力交瘁的职业生涯，开启新的旅程，可强大的负面思维惯性，却又阻挠她迎接新的曙光。

到底是什么挡住了她的脚步呢？通过深入沟通和探寻，我们终于揭开错综复杂的表象，找到了内在的原因。

（1）患得患失，恐惧心结极强

我们天生对未知世界有着或强或弱的恐惧，随着年龄的增长，这种恐惧感表现得愈加明显。毫无疑问，Tina就是这种恐惧感极强的人。所以，她虽然多次想要改变，想要寻求新的发展，但是面对不可控的未来，她还是畏首畏尾，患得患失，最终陷入纠结之中不能自拔。因此，梳理并帮她打开心结是非常重要的。

（2）低估自己，正面激励稀缺

在交谈中，Tina总是说："我觉得自己除了采购，其他什么都不会，也没兴趣，也没什么特长，出路很渺茫。"

事实真的如此吗？在我们身边，有很多人会过低地评价自己，这多半和他们的成长环境、职业环境有很大关系。他们可能在原生家庭里就缺少正面激励。Tina回想起自己的童年经历，尽管她的学习成绩一直很好，但却从未得到过父母的一句赞美。所以，她一直觉得自己不够优秀。久而久之，她习惯性地对自己进行负面的自我评价，总是认为"我不行""我不可能做到"。所以，最重要的是要让她了解并正确看待自己。

（3）根基不稳，核心竞争力不足

Tina不止一次想要改变自己，但是却毫无行动，表面看来是因为她对未来缺乏足够的信心，其实根本原因在于她根基不稳，核心竞争力明显不足。这就使得她底气不足，可选择的发展道路也就异常狭窄。

03

通过咨询和诊断，Tina 的个性偏细腻敏感，追求完美，显然采购类职业不太适合她。结合她的性格特点和具有多年服装采购经验的职业优势，我建议她充分利用自己对服装色彩和材质敏感的独特优势，开辟第二职业——形象设计师，由此开始，慢慢转型。

当然，要帮她彻底解决困惑，除了帮她找到定位，更重要的是帮她改变原有的负面信念和错误的自我认知。因此，我给她提供了三点突破认知新建议：

（1）树立正面信念，扭转"不可能"的惯性思维

在我们共同探讨出新的职业发展方向时，她异常兴奋，但没过多久，又说："不可能吧，这么高大上的职业我肯定不适合。"

果然，负面信念又开始冲到她的大脑中，阻拦着她。

我看着她，说："你今天找到我，肯定是希望从不可能转变为可能，如果你一直抱有不可能的信念，那么你以后真的是没有可能了。要知道，每个人都是独一无二的，你要相信自己是可以改变的。你要学着多对自己说'我能行'，当你说得多了，你会发现真的没有那么多'不可能'。"

她呆住一会儿，低下头，又抬起头，说："嗯，我一直觉得自己一事无成，从现在开始，我一定要慢慢相信自己。"

（2）跳离失败的思维怪圈，克服恐惧感

Tina 告诉我，她之所以多次想要改变却没有付诸行动，是因为害怕失败。她曾经组织过一次供应商大会，因为前一天晚上加班到太晚，结果当天姗姗来迟，被领导痛骂一通。再加上各个环节的疏忽，让她觉得自己一

败涂地。她是一个追求完美的人，每件事情稍有瑕疵，她就自责不已。自那以后，她就有了失败的惯性思维。

"其实，失败一次并不可怕。而且，这个世界上，真的没有谁凡事都能做到尽善尽美。千万不要因为一次失败就彻底否定自己。"我对她说。然后，我鼓励她思考过往的成功事件，慢慢找寻曾经的闪光点，从而克服对失败的恐惧。

（3）走出只想不做的怪圈，培养增值力

人和人在职场中的发展之所以不同，并不都是因为起点不同，更多的是因为行动力不一样。

打个比方，曾经有两位财务专业的朋友，都想考取CFA。一位朋友总是说"好难啊，再等等吧"，结果一直在原地打转。另外一位朋友则为自己设定了每天明确的学习时间和学习内容，一年以后如愿以偿，获取了CFA证书，最终实现了薪资翻倍目标。

我告诉Tina，对她来说，最致命的是，她想得太多，做得太少。她曾经设想了很多美好的职业愿景，但是都是空中楼阁，她没有去尝试过任何一个，都只是想想而已。

我建议她开始着手确定新职业的目标，并将其阶段化，制定时间表，要不断借鉴和学习，慢慢培养自己的核心设计能力，增强第二职业的核心竞争力，力争打造自己的品牌。随着品牌的塑造，我相信Tina能逐渐恢复职业激情，走出困顿。

每个人都是一块巨大的宝藏，永远不要给自己的未来设限，向内挖掘潜能，你才能成就未来的自己。

跳出职场安逸圈，做好职业曲线规划

有这样一些人，在一个岗位上辛苦工作多年，但是最后结果和自己的预期产生巨大的差距，而当他们不得不开始找寻新的方向时，却突然发现除了落伍的职业，自己一无所长。2019 年，全球最大的企业级软件公司甲骨文（中国）裁员的消息震惊全国，此次裁员 900 多人，职位均是研发工程师，这一批工程师将被云计算工程师取代。试问，这 900 多人该何去何从？

所以，提前设计好自己的职业曲线，显得尤为重要。接下来，我们通过 Susan 的职业再选择案例，看一看怎样才能跳出职场安逸圈，重新设计自己的职场人生。

01

Susan，30 岁，是一名出纳，现在因企业改革面临职业再选择。

一见到我，她就焦急地说道："赵老师，我最近感觉特别绝望，不知道该怎么办了。现在的工作我完全不喜欢，但是我又不敢辞职。一旦辞职，一份安稳的保障就没有了。但是做着不喜欢的工作，我真的痛苦不已，怎么办？"

她的情绪很低落，我试着让她舒缓情绪，然后说："我可以感受到你现在很痛苦，能具体跟我说一说为什么吗？"

她长舒一口气，说道："我是财务专业的，一直做出纳。工作以来，领导挺器重我的，我觉得就这样安逸地工作一辈子也挺好。可是前段时间的改革将我从梦中惊醒，我被转岗了，这让我一下子慌了。"

惊慌的背后必定有自身的原因，我问道："改革确实会产生职位的调整，那你思考过未来的出路吗？"

她回答我："我性格比较内向，所以一直按部就班地做着出纳工作。可是现在公司财务系统全部升级，精简员工势在必行。刚好销售部缺一个岗位，因为我是老员工，就被优先调配了。可我一点儿也不喜欢这份工作，但是不做这个，我还能做什么呢？"

02

从 Susan 的职业经历来看，除了出纳工作，对于其他职业的探索几乎为零，这就使得她未来的选择有巨大的局限性。针对她的情况，我们总结了以下几点原因，并试图从中帮她找到划定未来职业发展路径的关键。

（1）企业面临重大改革，职位受影响

Susan 所在的企业是一家新能源公司，成立快 10 年了。2020 年年初，优化了很多较为臃肿的部门后，整个公司开始实施系统化办公，走向更便捷的办公模式。本来他们部门有两个出纳，一个刚刚被裁员，另一个就是她。因为资格老，所以她才被转岗。不难看出，Susan 转岗，已经是企业顾念

旧情的结果了。

（2）除了出纳，其余选择为零

随着咨询的深入，我了解到 Susan 的恐慌并不仅仅源于职位的丢失，更重要的原因是她除了出纳工作，几乎没有其他选择。

要知道，任何时候，当你没有备选项，完全依靠一棵救命稻草时，一旦事态发生改变，往往会被打得措手不及。长期以来，Susan 的职业技能是单一的，不难想象，转岗给她造成的恐慌有多大。

（3）性格较为内向，自信不足

一直以来，Susan 都觉得自己性格很内向，所以相应技能水平也很一般，至于其他的能力就更不值得一提了。

其实，性格内向和能力不足完全不能画等号。我以前有位同事，是全公司最内向的销售员，可是谁也没想到，他却是整个销售部门业绩最厉害的员工，一年能完成 1000 万元左右的业绩。所以，性格内向的人不要随便给自己打标签，因为你的专注力和思维力往往是性格外向的人不可比拟的。

03

很显然，Susan 长期在一份单一的职业里"耕耘"，丧失了重新选择的能力。现在，她表明不想再从事出纳工作。为此，我们进行了深入的排查和诊断，重新挖掘她的潜能，梳理职业的新型曲线。

（1）稳重缜密的性格特质

作为一个财务工作者，Susan 有着独特的理性和稳重。但是在谈到自身优势的时候，她却一直强调自己一无是处。我告诉她每个个体都是独一无二的，鼓励她尝试回忆过往让她比较有价值感的事件。

经过大概 5 分钟的思考，她回想起曾经有一次临危受命，被安排撰写财务分析报告，写完后受到领导的大力称赞：数据清晰，文字逻辑性很强，环环相扣，为整个部门增光添彩。

说到这里时，她的语言变得很欢快，脸上也出现了自信的神采，眼里绽放出明亮的光辉。从这里恰恰可以看出，她的思维比较缜密，所以她做的报告才会滴水不漏。

结合 DISC 模型来看，她性格温和，理性且缜密，因此我不太建议她一直从事低价值感的工作，这样她的缜密特质会被渐渐压制并退化。相反，能体现高价值感的职业会激发她内在的性格特质，让她散发新的激情。

（2）研究与分析的职业特质

Susan 说，空余时间，她喜欢研究逻辑思维游戏，她很享受那种感觉。

结合霍兰德模型来看，她偏研究型，喜欢研究表象背后的思维逻辑，非常不适合从事比较刻板、单一的工作。相反，需要脑洞大开或创意思考的职业会更加适合她的发展。

综合以上分析，结合她财务专业的知识背景，我向她提供了几种职业参考。她最终接纳的建议是理财分析师。这既适合她缜密的性格特质，也可以发挥她善于分析和逻辑思考的优势。

过了一段时间后，Susan 给我发信息说："曾经以为，找到一份职业，就可以一劳永逸。万万没想到，这次改革给我敲响了警钟，职业定位不是一蹴而就的，而要用发展的眼光，不断去寻找，去探索。"

希望从 Susan 这段话里，你也能有所收获。

跳出"内疚感"束缚，突破职业天花板

"工作很多年，可是薪水一直停留在温饱线上，越做越没成就感。"

"我特别不喜欢现在的工作，每天上班像上坟一样，整个人都死气沉沉。"

…………

这些问题是在一次交流会上，学员们提出来的。所有的问题归结到一点，就是他们的职业发展到了一个瓶颈阶段，遭遇了职业天花板。面对现状，他们觉得无力突破；面对未来，他们充满不安，失去了对未来的掌控感。他们想要改变，却顾虑重重。

经过现场调查后，我发现，70% 的学员想要改变而没改变的原因，来自外在的羁绊，而这种羁绊最主要的原因竟是害怕辜负父母的期望。Stella 就因为遇到这样的问题而向我寻求帮助。

01

Stella 来自山西的小县城，8 年前大学毕业后就被父母安排进了老家的电力局。可是令她痛苦的是，8 年过去，她依旧停留在

原地。

"其实，到电力局工作不是我的本意。也许是我性格的原因吧，我觉得自己很内向，出去找工作估计也很费力。而且为了我能去电力局工作，父母到处打点各种关系，好不容易才办成。所以这么多年我都是在熬。我的工作一直都是出单员，有时候我也想要从内部突破，但是里面关系太过复杂，我又不愿意参与。有时候，一想到要一辈子待在里面，我就不禁毛骨悚然。我也有很多次想要离开，重新找一份工作，可是一想到工作的来之不易，就觉得对不起父母。真是太纠结了，怎么办？"

02

大部分在异乡打拼的年轻人，都有一份精神的寄托，那就是工作稳定，父母才安心。就这样，伴随着这份信念，面对职业天花板，他们固守着一份前途无望但相对稳定的工作，不敢逃离，不敢尝试新的职业发展道路，就像Stella一样。实际上，这种情况下，他们往往陷入了以下误区。

误区1：毫无兴趣，却仍在工作中煎熬

不可否认，我们大多数人无论多努力，这一生也无法抵达金字塔顶端。每个人人生中大部分的时间都要献给工作，但是如果我们一直坚持的是一份自己毫无兴趣的工作，那就背离了快乐工作的法则，得进行反思。

你是否选错行业？Stella从进电力局开始，就从事出单员工作，长期单调重复的工作令她苦不堪言。其实，这种煎熬恰恰是一个信号，提示她，低价值感的工作根本就不应该成为她的职业选择。

你的兴趣是什么？Stella 告诉我，在多年的工作倦怠中，她本就不多的兴趣也消失殆尽。工作之余她基本宅在家，跟外界几乎没什么沟通。

显然，Stella 长期缺乏新鲜感的刺激，兴趣点也渐渐退化。因此，重新挖掘新的兴趣，多去尝试，对她来说显得格外重要。

误区 2：不敢辞职，害怕父母失望

我们不妨思考一下，职业的终极意义到底是什么。究竟是为了父母的期望，还是自己的成长？

为了 Stella 的这份工作，她的父母几乎动用了所有关系，也花了一大笔钱。她不敢辞职，就是怕辜负了父母的付出，让父母伤心。她被亲情债套上了金箍。然而，她在乎父母的感受，却没意识到，她顺从了父母，葬送的却是她一辈子的职业生涯。

03

突破了上述的思维误区，我们要进一步思考：摆脱"亲情债"的负疚感，突破职业天花板的正确方式究竟是什么呢？

从我多年的职业经历来看，我觉得最重要的是"活出自我"。那么，针对 Stella 的情况，通过系统的排查和诊断后，结合她的性格和职业特质，我给出了三点有效的建议：

（1）摆脱内疚感束缚，活出自我

内疚感，其实是一种非常正常且重要的道德情感，但是过多的内疚感，就会渐渐转变为"情感勒索"。

《情感勒索》一书中提到，当亲密关系和安全感被摧毁以后，孩子的

幸福感与心理健康也就随之消亡，被家长情感勒索的孩子会陷入突如其来、有苦难言的窘境。

正如 Stella，她害怕父母失望。在她的价值观里，她觉得放弃父母努力换来的工作就是最大的不孝，那样她会更加痛苦。这样一来，一种自己强加给自己的赤裸裸的情感勒索，就这样形成了。我鼓励她放下对父母的情感包袱，鼓足勇气，和父母倾诉她这些年来所面临的看不到边际的痛苦，寻求精神支持。同时，要通过"活出自我"的冥想，慢慢找寻被压抑多年的那个最真实的自己，毕竟只有自己才可以掌控未来的幸福。

（2）探索内在兴趣和潜能，激发自我活力

有人说兴趣一旦上升为职业，就会丧失。殊不知，有的人工作长期一成不变，对工作连一点儿兴趣也没有，才是最可悲的。就像 Stella，性格内向，一直在电力局做着单调的低价值感的工作。

那么，像 Stella 这样的内向者是不是兴趣点就会更加狭窄呢？

当然不是，内向不是天生的，很大一部分是内在信心的缺乏。我鼓励她回忆过往学生生涯和职业经历中的亮点。层层剥离后，她告诉我，大学期间，她曾经是艺术社的美术达人，还花了两年时间进行专注的研究，有一次，她的绘画作品在校内比赛中获得了一等奖。但是父母觉得美术成不了气候，最终她不得不放弃。

是的，放弃兴趣非常可惜，但是失而复得便要好好珍惜。我建议她重新拾起对绘画的兴趣，充实自己的生活，给自己沉闷的生活增添一些光彩。

（3）找准内在独特优势，成就自我

做一件事情，仅仅有兴趣，是否就足够了呢？当然不是，兴趣决定了你前进的动力，但优势才是最终实现它的加速器。

通过对 Stella 性格和职业兴趣的探索，结合 DISD 模型和霍兰德模型，我发现她有非常独特的艺术天赋，而且优势非常明显，她对事物的洞察力极强。

综合她的职业曲线，我们共同讨论，觉得她可以从第二职业做起，就是开办美术工作室。一方面，她发现她所在的城市，优质的成人美术机构非常稀少，而她之前受过名师指点，美术技术过硬。另一方面，她的艺术特质以及商业洞察力，可以帮助她创造更多令人惊艳的作品，同时她还可以帮助更多的人体验慢生活，释放精神压力，在绘画中学会自我解压。对这个新的职业发展方向，她信心满满。

我相信，虽然她未来的道路还很漫长，但她已经迈出最关键的第一步，美好的新生活已经在向她招手。

找准目标和依靠，
转型成就自我

职场中，总有些人虽然职位光鲜，薪资丰厚，但内心总是隐隐感觉缺少点什么。这种强大的空虚感如影随形，像无数只蚂蚁吞噬着他们的心灵，让他们不知道何去何从。

或许，有人会觉得，他们要么是闲得发慌，要么是自寻烦恼。但是，以我的经验来看，他们最重要的问题是不知道自己到底想要的是什么。在追逐名利的过程中，他们渐渐迷失了自己。下面，我们将通过 Nono 的案例，来看看应该怎么解决这类问题。

01

Nono，33 岁，刚刚辞了自己从事了 8 年的律师工作，对未来纠结不已。

他说："赵老师，我最近裸辞了，本来以为是一种解脱，可是我却产生了新的困惑。我以前的理想是当律师，一路跌跌撞撞，好不容易从律师助理熬到律师，却发现和我想象的完全不一样。一方面，我辛辛苦苦准备的方案，经常会被客户拒绝。这让我发现，这个行业和专业度没太大关联，只有名气大，才会接到更多的案子，而我只想着踏踏实实做好自己的本分工作，不太关注这一块。另一方面，我所在律师事务所钩心斗角严重，我不太喜欢这样的氛围，尽量选择避开。我目前有一定的积蓄，想调整一下状态。可越想着未来，我就越容易失眠。我现在完全失去了方向，你说该怎么办？"

02

要驱除 Nono 的颓废感和无力感，首先要从他错综复杂的困惑中找出背后的真相，最终我发现以下两点：

（1）内在光环感负荷过大

随着我们交流的深入，我发现他非常热爱律师这个岗位，可是当我问到下面的问题时，却发现一个隐藏的真相。

我问他："现在你已经不再是一名律师了，你感到难过吗？"

他的回答是："我不难过，我只觉得是一种解脱，而我难过的是我不知道下一步该做什么。"

他回答时表情很淡定，可见他以为的"热爱"并不是真相，他爱的只是律师这个职业的光环。离开这个光环，他好像什么都不是。这个光环就像一块巨大的石头，压在他身上，阻碍着他思考未来的方向。

（2）外在职业思维不足

在和 Nono 的沟通中，我发现他对职业的理解不够透彻。其实，从律师事务所角度，我们可以尝试思考一下律师所处的职业位置是什么。

律师其实是只能依托律师事务所的资源才可以正常接案的。踏踏实实工作固然重要，但是不去适当地展现自己，领导就无法看到你的价值。他虽然兢兢业业工作了8年，但和一位擅于主动争取的新律师相比，领导的选择还是后者。他不能理解这一点，其实这就是他职业思维匮乏的结果。

03

在我们身边，大部分人觉得转型之路维艰，实际上难的往往不是能力不足，而是自己给自己竖起了一道无形的围墙，阻挡了自己勇敢迈出的第一步。

针对 Nono 的情况，我深入地分析了他的优势、天赋、性格和职业路径，最终梳理出以下两个解决方案，引导他踏出转型第一步。

（1）克服内心恐惧，提升内在自信

一般来说，转型失败大多源于内心深层次的恐惧。

结合 DISC 模型测评，我发现 Nono 的稳定性因子很高，因此也就不难理解他追求安逸、不谙世事的特质。经过深入的交流，我终于知道了 Nono 骨子里对某种光环的追求，来自他孩提时代的家庭。他家境贫寒，父母为了供他读大学，四处借债。他也没辜负父母的期望，直至研究生，学习成绩都是名列前茅，年年都拿奖学金。

显然，他外在的光环下隐藏着的是内心强烈的自卑和对父母的负疚感。我建议他感谢贫穷，正因如此，才促使他努力拼搏，拥有了今天的一切。同时，我建议他通过冥想提升自信，慢慢与内心那个自卑的小孩告别。当自信建立后，恐惧也会荡然无存。

（2）探寻隐藏优势，打造实力内核

Nono 已经不再愿意从事律师这个职业，想要寻求新的职业发展方向和目标。

为此，我让他进行了霍兰德职业兴趣测评。我发现 Nono 的研究型因子很高。显而易见，他的学霸因子正源于此。而他从事律师工作，对案例的研究深度超于常人，逻辑思维能力超强。这些，都是这种特质的直观表现。

沟通中，他跟我说，他现在觉得自己在律师行业毫无成就感，希望能够通过自己的能力影响更多的人。曾经有一个客户夸他对数据的敏感度很高，几乎过目不忘。这就是他隐藏的优势。我给了他几项适合他的职业建议，他最终选取了金融分析师。目前，经济发展增速减慢，通货膨胀，大部分人希望资产得到保值。一方面，通过这份工作，可以充分发挥他超常的逻辑思维能力和数据分析能力。另一方面，他是理财发烧友，加上原有的律师职业背景，金融方面的客户和法律方面的客户可以实现有效的转换。

当然，接下来，他最首要的任务是打造自己的内核，获得相应的资质，为客户设计有实用价值的方案，如私房理财方案等。之后，就要通过小范围的口碑慢慢扩大自己的影响力，链接合适的机构共同合作，实现自身品牌的稳步增长。

放弃有时也是一种收获。只有丢掉多年的虚假光环，正视真实的内心，把握好方向，勇敢迈出第一步，你才能成就自我。

抵御外界干扰，
坚定自我发展之路

有很多自由职业从业者或创业者，在职业发展过程中，往往会听到以下声音：

"你就老老实实上班吧，想要自己做，哪有那么容易啊！"

"别瞎折腾了，你这是不务正业。"

·············

这些声音有的来自长辈，有的来自身边的朋友。他们会用很多所谓"过来者经验"告诉你，你的决定是错误的。其实，在很大程度上，打垮你斗志的并不是经济上的压力，恰恰是精神上的不被理解和支持。

自由职业者 Lena 就遇到这样的问题。我们一起来看一下应该怎样帮她解决。

01

Lena，36 岁，目前是一名营养学讲师。她是在 2020 年辞掉企业培训主管的工作，成为一名全职自由职业者的。虽然她经济上尚无负担，但是内在的无力感一直压得她喘不过气来。

"赵老师，我今天来不是做职业定位的，我最主要的困惑是感觉自己不被理解，内心特别痛苦。我是去年从企业辞职的，一方面是因为工作遇到了瓶颈，另一方面是因为我希望有更多时间来关注孩子的教育。

"可是谁知道我的公公婆婆，甚至我的另一半都不支持我。他们都觉得我太自我、太任性了。而且公婆知道我辞职后，对我是各种斥责和冷嘲热讽。我现在做起工作来也是格外辛苦，感觉在很多方面施展不开。我在想是不是要放弃，到底该怎么办？"

02

当初果断辞职的 Lena，应该是勇敢自信的。到底是什么让她现在又想要放弃，否定当初的选择呢？通过分析，我给她梳理了她面临的双重挑战。

（1）自身立场不够坚定

在沟通过程中，我发现 Lena 骨子里其实是非常传统的。

她之所以不被支持，不仅仅因为她是女性，更多的是因为她自身的立场。她自己总是在冒险和稳定之间游离。她想坚持自己，又太在乎家人的感受，不希望家人不开心。但是，一旦她满足了家人，就会丧失自己对职业选择的主动权。而这一切的关键都在她自己。她现在的一切问题都源于自身立场不够坚定。

（2）难以平衡家庭和事业

随着深入沟通，我找到一个很关键的问题，那就是"怎样平衡家庭和事业"。

我问她："在你当上营养师以后，你的生活前后有什么不同呢？"

她说："以前时间相对空闲，现在自己做，一个人就是一支队伍，不仅要自己做课程研发，还要自己做自己的经纪人，时间越来越少，家里人更是为此埋怨我。"

其实，当事业和家庭很难平衡时，最重要的是寻找第三方力量，寻求支持。

03

生活中，很多人尤其是女性在面临家庭的不支持时，都会选择放弃自己的职业发展，心有不甘地回归家庭的琐碎，而这种妥协的背后，就是对自我的舍弃。

以我多年的经验来看，我觉得女性往往比男性承担着更多的精神负担，当处于事业起步或者上升期时，往往得不到应该有的支持和鼓励，正如Lena一样。针对这种困境，我有以下两条建议：

（1）提升自身气场，坚定自我选择

和Lena进一步交流，让我更加感觉到她的内在能量很弱。她在和家人的沟通方面，当意见不合时，大部分情况下都会选择妥协。

她回忆说："我的母亲是非常传统的贤妻良母，而我的父亲则很强势。从小到大，母亲总是对我言传身教，告诉我，什么是忍耐和付出。"正因如此，她渐渐相信，在家庭中只有女性多付出才会换来家庭的和谐。

所以，在她和另一半的相处模式里，多半是她在妥协。有时候，即使她坚持了自己的选择，但是心里也会有很强的内疚感。

对这种情况，我建议她采取冥想疗愈的方式，慢慢增强内在的自信，在与家庭成员的沟通中，大胆表达自己的想法，以争取支持。对于自身未来的职业发展，要坚定自我选择。

（2）开拓事业发展渠道，主动寻求合作

为什么有的人脱离了公司的平台，举步维艰，而有的人却如鱼得水呢？这中间的差异往往在于成功者善于结合自身优势，开拓事业发展渠道，寻求合作。

通过交谈，我了解到 Lena 目前从事职业的现状。她虽然有较强的专业能力，但是却不知道如何开拓渠道，寻求合作，从而促进事业发展。

那么，究竟应该怎么做呢？我建议她根据自身产品的需求特点，有意识地去建立自己的渠道。对 Lena 来说，她掌握的客户群体基本来自企业，她可以多建立与营养类产品的公司或者机构的合作。前期先以价值的输出获取信任，然后慢慢建立起自身稳步的合作渠道。当然，一条稳健的事业发展合作渠道的建立，还需要付出很多时间和精力。但是正如一条管道，只有慢慢建立起前期的信任，后续才会更通畅。

职业探索的道路很长，唯有持续探索，挖掘潜能，才能最终走向成功。

跨越式成长思维

PART **3**

第3章

逃离舒适区，行动成就
改变，改变成就未来

无论是生活还是工作，很多人都渴望并享受安逸和稳定。但是也有那么一部分人，长久身处舒适区后，会在深夜的时候眺望远方：

我真的愿意接受一眼看得到头的人生吗？

现在的一切真的是我长期追求的目标吗？

我曾经的豪情壮志都去哪里了呢？

但即便如此，到最后，其中大部分人还是会略有不甘地成为芸芸众生。仅仅有非常少的一部分人选择逃离舒适区，开始尝试行动，通过改变成就新的未来。当然，还有一部分人，被迫脱离舒适区，不知何去何从，他们也需要改变。而往往这种改变是艰难的，必须对自己足够狠，才会真正实现由外而内的蜕变。

脱离舒适区的你，如何寻求新的发展

我们常常会发现，多年前那个不起眼的人现在突然混得风生水起，而曾经优秀的自己这么多年一路走得跌跌撞撞，甚至远不如从前。

正如下面的来访者小丁感慨的那样："我觉得自己以前挺优秀的，也不知道为什么现在会成为这个样子。"

01

小丁，女，10年前毕业于我国南方一所211名牌大学。自小，她在学校的成绩都是名列前茅。她是老师眼中的优秀学生，不仅备受老师的青睐，还是同学们争相学习的榜样。

大学毕业后，她从校园招聘会中脱颖而出，顺利地进入了一家知名国企。

后来由于国企改革，加上她所在城市的经济环境不太好，她频繁更换了好几份职业，但都觉得不合适，这让她变得尤其焦虑。

小丁深深地叹气，说："过年的时候参加高中同学聚会，令我特别惊讶的是，曾经在学校坐在我后面的小刚，以前每次都抄我的作业，成绩是一塌糊涂，可是现在他竟然成了职业经理人。现在，他的谈吐也好，对商业的评判也好，简直颠覆了我以前对他的认知，而我却……"

"我感觉自己 10 年来，除了结婚生子，在事业上毫无建树，甚至是一步步在倒退。而小刚只是大专毕业生，刚开始，从事的是我们都不看好的底层销售工作。没想到，经过 10 年，他为人处世、谈吐等都发生了质的飞跃。他脱离公司，自己创业，从零开始，一步步将事业越做越大。"

小丁感叹完后，继续说道："毕业 10 年，我终于发现，我当年虽是爱读书的乖孩子，但也就是因为太会读书，对于社会乃至人和事的理解都太浅薄了。我觉得现在的我太失败了，但是时光已经不能倒退了……"

02

这么多年，我见多了这种情况。原本，看似手握一手好牌的人，经过时间的洗礼后，却渐渐走向职业的黑洞，而那手握一手烂牌的人，却不卑不亢，慢慢找到职业发展的出口。问题到底出在哪里呢？

结合类似的职业案例，加上观察和分析，我认为，起点高却停在原点甚至渐渐退步的根源，可以归结为以下两点：

（1）性格上渴望并追求安稳，害怕冒险

从专业角度来说，我对起点不同的人有以下分析：

起点高的人，就像小丁，在求学时期，父母偏重学业，她渐渐也只关

注自己的学业，争取优异成绩，因为这样可以获得老师和同学的赞美。优秀的常态渐渐使她形成安稳、与世无争的性格，乃至影响其职业选择。明明不喜欢，往往还是会选择体面光鲜的职业。而安稳的她不愿意冒险，最后一误再误。而且，企业不像学校，只看重结果和效益。好的企业优秀的人太多，她的优秀变得不再突出。脸皮薄的她，不断跳槽，寻找新的认可，只为了一句：我依旧很优秀。

而起点低的人，在学生时代，家长大多散养，一般来说性格崇尚自由，调皮捣蛋，喜欢搞恶作剧。当他们把这份冒险精神延伸到职业上，就敢于去探索不同的领域。同时，从小被批评习惯了，让他们练就了刀枪不入的"厚脸皮"，让他们的内心变得更强大，奠定事业成功的基石。

（2）职业定位上，不看兴趣，只图体面和安稳

像小丁这样起点高的人，大部分只愿意选择体面的职业，不管是否喜欢。回顾类似案例，他们选择的职业起初往往是律师、医生、教师等，央企、国企等单位是他们的第一选择。这种选择本无可厚非，他们的定位就是体面和安稳。来自父辈的经验告诉他们，这些是最保险的。但是时代在发展，原来安稳的职业发生变化，他们被迫离开了原有的平台，脱离舒适区，却发现找不到自己的方向。

而像小丁的同学小刚这样起点低的人，大多愿意尝试很多职业。由于自幼不被关注，他们敢于冒险，敢于尝试各个不同的领域。他们明确知道自己喜欢什么，即使是看起来非常不起眼的职业，他们看到的更多的是未来可累积的资源、价值和无穷的潜力，而这些在未来会帮助他们不断创造新的可能。

03

对小丁而言，一味沉溺于过去，解决不了任何实质性的问题。眼前，最重要的是，怎样重拾自信，打一场翻身仗。这就需要她做出改变，

而这里的改变不是简单地更换一份职业而已，而是要进行一次思维层次的深刻洗礼。

（1）克服内心胆怯，勇敢尝试探索和体验挫折

我们经常见到这种情形，一个小孩子学走路的时候，大人总是在一边说"这里有石头，小心！""前面有桩，小心！"他们不会想到，这么多的"小心"，会渐渐成为压在孩子心里的石头，让孩子开始害怕，变得胆怯。

小丁就有类似的经历。她的经历让我了解到，她从小就被父母和长辈们过度保护，他们的爱给她建起了一座没有出口的围墙，看似是爱，其实限制了她自我探索的可能，减少了她经历挫折的体验。所以，现在关键的第一步是她要走出胆怯的围墙，去尝试她曾经被剥夺的体验，做一个敢于尝试的人。

（2）打破固化思维，打造核心竞争力

新东方的创始人之一俞敏洪，参加了三次高考，是英语成绩只有33分的北大"差生"。他也曾领着微薄的工资，安稳度日。但当发现很多人纷纷选择出国留学时，他抓住契机，顺势办起了英语培训教育机构。假如当初他没有主动抓住机会，也就没有现在的新东方，没有现在的他。

其实什么才是优秀呢？只看优秀的标签，只关注优秀的企业，原本就是一个隐藏的固定思维。这就是小丁的错误。企业的优秀和优秀的个体没有绝对的关系，一个人内在的核心竞争力以及是否可以将这种竞争力发挥到

极致，才是他真正优秀的内核，就像俞敏洪一样。

（3）寻找兴趣点，勇于探索职业发展新曲线

有人说，一旦过了 30 岁，就会慢慢被社会遗弃。但是历经沧桑的 70 多岁老人褚时健，在历经大错变得一无所有后，以顽强的生命力在哀牢山二次创业，承包了 2400 亩荒山种橙子，历时 6 年，最终东山再起。这恰恰证明开辟职业的新曲线在每一个人生阶段都有可能，关键在于你是否具备脱离对企业依赖的能力和应对挑战的魄力。

经过深入的职业性格匹配和定位探索后，小丁最终接受我的建议，选择做英语培训师。曾经作为学霸的她，屡次获得英语演讲比赛一等奖，这是她的专业优势。而她的耐心温和，加上对培训职业的热爱，一定能让她成就新的自我。

职业的选择有千万条，前期的坎坷也千差万别。希望大家记住，选择之后，不断进行自我探索，自我改变，找到正确的轨道，这才是职业发展的真正的核心所在。

大城市 PK 小城市，
如何试错才能不犯错

一次，参加朋友聚会，大家聊到了"城市选择"的话题，接下来就是各种吐槽：

"感觉在大城市待着好累啊。这么多年了，虽然职位升了，薪水涨了，可成了家有了孩子，每个月付完所有账单，真的所剩无几。有时候真想把房子卖了，回到老家过点安逸的小日子。要知道，老家的生活消费水平要低很多，压力小啊！"

"是啊，在大城市，薪水虽高，但是每个月几乎存不下钱。而现在小城市的生活品质都在提升，不比大城市差，消费水平又低，不得不羡慕啊！"

…………

与此同时，随着互联网知识分享时代的来临，身处二三四线城市的职业人士也日趋觉醒，他们渴望享受到和一线城市同等的学习机会。为了获得更广阔的发展，他们中的很多人也在向一线城市流动。一部分人渴望到大城市发展，但又望而却步，害怕失败。在小城市生活工作多年的 Cici 就是其中的典型代表。

01

Cici，女，毕业于某 211 院校新闻专业，毕业后顺势进入了老家的一家规模较大的传统纸媒企业，一做就是 8 年。

这 8 年时间，由于出色的策划文笔和高效的沟通能力，她从一名低层文案，慢慢晋升到资深广告文案主管，目前带领着 3 个人的小团队。

原本，她的生活安逸、幸福。但是近年受到互联网媒体的冲击，企业的客户订单量极度下滑，已经在考虑转型。可船大难掉头，错综复杂的历史问题导致企业举步维艰。传统线下市场由于开支较高，逐渐被砍掉，她也渐渐陷进了艰难的境地。

Cici 跟我说："以前我觉得在小城市安逸自得，离父母也近，生活也好，工作也好，都不想有什么变动。但近几年情况变了，我发现小城市很多资源还是受限，大多只能满足本土化的需求。同时，互联网媒体的发展，让我从线上了解到前沿知识。这都让我感觉自己是井底之蛙。我不甘心窝在这里一辈子，想去大城市看看。从 8 年前开始，我身边很多朋友选择了去'北上广深'。虽然前几年他们异常辛苦，但是现在他们基本年薪都过几十万，不管是见识还是思维，感觉都比我高一层。虽然扎根在外，但是我挺羡慕他们的。"

Cici 感叹着，继续说："我现在很后悔当初没有早点去大城市发展，现在很想挑战一下自己的潜力，去闯一闯。我已经纠结了一年多，主要是担心去了以后，反而不如在老家这边，那岂不是会被看笑话？"

02

的确，我知道很多人都有 Cici 这样的困惑。他们的职业早期看似安稳，但是随着时代的发展，他们无法接触到时代红利给予的巨大发展空间，职业发展遭遇瓶颈。所以他们那不甘平庸的心，牵引着他们去往更加广阔的天地，但他们往往又不敢迈出第一步。

为什么会这样呢？下面我们一起来看看这些人陷进城市选择难题的内在根源：

（1）性格上，不喜欢冒险

首先，从家庭成长环境来看，这些人的父母一般在当地享有较高的社会地位和优质的物质生活环境，他们对孩子的期望只是平安小幸福，一旦孩子有困难，他们都会第一时间替他克服。

因此，在成长过程中，由于有父母的保护，这些人渐渐收起自己的好奇心，享受着父母制造的安逸环境，习惯于不费力气就能获取稀缺的资源。过久了这样舒适的生活，他们越来越不喜欢冒险带来的不安全感。

而从这些人的职业发展环境来看，小城市的国企体系完备，只需要他们按部就班完成手头的工作，这也渐渐磨灭了他们内心追求未知的勇气。

就这样，家庭和职业的双重舒适感，让他们渐渐在小城市自得其乐。但当面临行业业绩下滑，他们内在的好奇心和勇气又被激发起来，可迫于安全感束缚，他们又迟迟下不了决心。

（2）定位上，想到大城市实现职业梦想

像 Cici 一样，她曾经天真地以为在小城市可以安逸终老，但是渐渐发现在小城市无法实现自己的职业梦想。

大城市产业体系比较完善，产业升级需求旺盛，职业的广度比较大，尤其是她所在的新媒体行业。不过，我不太建议她从头开始，建议她结合过往的职业经验，开辟出一条适合当下时代趋势的多元化职业路径。

03

从多年的职业案例和管理经验来看，走复利型人才职业发展之路会更加适合 Cici。接着，我们开始制订详细的转型计划：

（1）打破内在舒适区，勇于做出改变

惯性定律告诉我们，一旦形成惯性，惯性本身就有力量。"习惯成自然"，一旦成为习惯就变成了所谓的"舒适区"。当外界发生变化，身处舒适区的人就会陷进新的沼泽地——改变区。

而改变对于长期处于舒适区的朋友是一个非常痛苦的过程，未知代表恐惧，想要跳出"温水煮青蛙"的旧模式，就必须勇于接纳和做出改变。所以，对 Cici 来说，我鼓励她打破自己的思维惯性，慢慢将重心放在自己未来的发展上，克服对未知世界的恐惧，勇敢迎接新城市的挑战，踏出转型第一步。

（2）构建多元化思维，实现自我增值

有篇文章叫作《腾讯没有梦想》，文中说腾讯早已不是一家科技公司，而是一家投资公司，其投资领域涉及重工业、制造业、房地产等。其实，目前所有知名的互联网巨头，没有一家是不做投资的。投资的意义不只是增加股价，更是一种填补自己生态短板的手段。

正是企业多元化的发展，带动了个体的多元化引进。Cici 说她想去上海

发展，考虑到她之前纸媒策划的职业背景，接触过众多企业策划的实操案例，我建议她借助当下互联网媒体的发展及一线城市的红利，尝试走互联网、策划、广告三者相互融合的职业路径。

（3）探索复利型人才职业发展曲线，蓄力成就发展

在我看来，如果在当前所在的城市发展无希望，同时，也没有家庭方面的负担，可以尝试换个城市，在新城市慢慢积蓄内功。在经过深入的职业和性格探索后，我最终帮 Cici 定位为品牌咨询师，以此作为她未来 5 年发展的新职业。

一方面，她个性温和但不失敏锐，洞察力很强；另一方面，她具有很强的创意天赋和深厚的策划功底。我建议她尝试向类似职位投递简历。因为近几年，咨询业和广告业相互渗透已经变成一种趋势。具备广告、创意和咨询三种能力的人才，未来 5 年会变得越来越抢手。同时，根据她的职业经历，借企业纷纷对品牌塑造大幅度投入之际，我进一步建议她向品牌企业类似职位投递简历。我告诉她，刚开始不要过多在乎薪资，等达到一定的积累后，可以逐步扩大自己的行业生态圈，从而获得更大的发展。

经济学家托马斯·索厄尔曾说："所谓的解决方法是不存在的，有的只是取舍。"正如职业生涯中的城市选择，有舍才有得。所有看似美好的生活，其实都是不断权衡和取舍之后的结果，关键的是你真正看重的是什么。真正聪明的人，都是那些知道自己要什么，并且愿意做出抉择，从不后悔的人。

突破"伪安稳"状态，
重启希望人生

你可曾有这样的感受：随着年龄的增长，原本安稳的职业渐渐让你变得平庸和颓废，所谓的价值感渐渐消退，留下来的只有青春不再的自己。当巨大的危机感袭来，你开始尝试着寻找一种新的职业可能，但是"伪安稳"状态下的你，又显得手足无措，不知如何是好。

究竟要怎样破解这类难题呢？我们来看看 Linda 的咨询案例，相信你会找到答案。

01

Linda，女，7 年前大学毕业后，追求安稳的她选择了家乡一家民营企业从事行政管理工作。

一路走来，由于做事认真细致，她从行政助理晋升到办公室主任，分管部门的行政以及采购事务。

Linda 对我说：

"我们属于制造业，相应的行政事务比较繁杂。作为办公室主任，行政、商务、数据分析等几个方面的相关工作都需要去统筹。实际上，几乎只要不是业务和人事的事情，都往我们部门堆。

"工作中的我虽然像个大管家一样，但是其实可替代性很强，而且我快 30 岁了，对未来越来越担忧。

"行政工作在一定程度上是吃青春饭的，我很不确定我能做到什么时候，所以我很想了解，我是否有向其他职业发展的可能。"

02

我很清楚，有很多类似 Linda 这样的职场人士，随着年龄的增长，他们渐渐发现自己的职业不是越老越吃香的职业，开始变得忧心忡忡。下面我们一起聊一聊出现 Linda 这种困惑的深层次原因：

（1）危机感来袭，"伪安稳"状态下被迫选择

像 Linda 一样，一部分着急转型的职场人士，他们在职业选择初期都把安稳当作首选。这其中很大一部分原因，是受家庭环境和父母教育的影响。在成长过程中，他们形成了寻求安稳的个性，不愿意挑战，也不愿意冒险。

正如 Linda，行政岗位是一个非常安稳的职业，刚好符合她对安稳的期待。但是随着年龄的增长，时代也在不断发展变化。她发现现实并不像她预料的那样，安稳的状态随时面对挑战，危机感于是悄然而至。

（2）从头开始，不知道怎样选择新的职业

提到这次新职业的选择，Linda 困惑不已。一方面，她不想裸辞，因为她有一个孩子，家庭的正常开支较高，裸辞对生活品质会有很大的影响。另一方面，她之前没接触过其他职业，一切要从头开始，过程是非常艰辛

的，她不确定自己能不能坚持下去。

03

根据她的职业经历和自身的特质，我们开始积极探索开创副业的新型曲线，明确新的职业路径：

（1）针对胆怯特质进行突破训练，挑战自我

曾经有人说："路太平坦，只能带你去平坦的地方。"这句话的言外之意，就是要尝试走一条不同寻常的路。

由于受家庭影响，Linda从小喜欢安稳，完全不知道父母为她竖起的围墙之外有哪些她曾经想尝试却没有尝试的体验。我鼓励她从自己最想做的小事情做起，慢慢开始小型的冒险，比如徒步旅行、登山、滑雪等，尝试她从未体验过的新鲜事物，跳出安稳的高墙，挑战自我。

（2）深度挖掘自身潜能，寻找颠覆现状之路

其实，我们每个人都有这样那样的潜能，认为自己一无所长的Linda也一定有她尚未发掘的巨大潜能。她的潜能一定暗藏在她过往的学习生活和职业经历里，需要进行深度的挖掘。我鼓励她思考过往的成功事件，从中发现所长，发掘自身能力，寻找一条颠覆现状的新职业路线。

（3）选择适合自己的全新副业，学会重生

在我看来，副业与其说是一次尝试，更多的是一次内在重生。在经过深入的职业性格匹配和定位探索后，Linda最终选择的副业是公文写作师。

当前，大部分的企业对职场人的复合能力要求越来越高，除了专业能力，能制作精美的PPT以及写作逻辑清晰的公文，越来越受企业青睐。市场上出现了很多相关写作的课程，但是细分化的市场暂时处在萌芽阶段，有着广阔的发展空间。

而 Linda 个性温和，心思细腻，习惯从事一些幕后的工作。这种职业很符合她的性格。此外，Linda 自小文学修养良好，加上行政管理经验丰富，撰写过各类工作报告。这份工作也正好能发挥她的优势。

综上，我建议她借助自媒体的力量，前期多多撰写公文写作的干货文，慢慢积累自己的客户，接着尝试培训职场新人的公文写作能力，在一定范围内集聚名气，做成属于自己的明星业务。

时代在发展，没有一个职业是绝对安稳的。"伪安稳"状态下，尝试突破自己，智慧地经营自己的职业发展之路，或许就能发现不一样的广阔天地，开启不一样的璀璨人生。

兴趣值很低，
该如何突破一成不变的自己

有时候，随着年龄的增长，过度劳累的职业现状和较低的成就感，会让我们疲惫不堪，从而对当下的职业选择产生动摇。可由于长期的倦怠和乏力，想要转换轨道，却发现自己对其他的行业一无所知，也毫无兴趣，又开始害怕离开现在的职业后自己会一无所有。

正如来访者 Polly 遭遇的一样。她无奈地告诉我："我现在很想转换职业，可是发现什么兴趣也没有，不知道该怎么办。"怎样帮她解决问题呢？我们一起来探讨一下。

01

Polly，女，学的是计算机专业，9 年前毕业后进了一家企业做软件测试工程师。

工作中，她一丝不苟，思维严谨。工作几年后，她从初级测试工程师晋升到中级测试工程师。但随着专业技能的提高，她的工作量也逐渐增大。

Polly 说："我毕业时，计算机行业很热门，软件测试工程师在当时是绝对的高薪职业。记得刚进公司的时候，父母为我高兴了好一阵。其实，这份工作还是蛮累的。只是年轻的时候感觉还吃得消，但是后来总是加班，加之工作内容重复又重复，我的成就感越来越低。"

"哦，"我说，"我能理解你的感受。那再往后，还有什么变化吗？"

她叹了口气，说："从去年开始，因为孩子出生，我的观点开始彻底发生改变。我不想错过孩子的成长，但是由于工作性质需要经常加班。为此家里人也有些抱怨，现在我感觉自己快撑不下去了。"

最后，她说："我现在的希望是通过重新审视自己，看一看除了目前的工作，我能不能重新开始一条新的职业发展道路。希望您能帮我。"

02

我接触过很多像 Polly 这样有困惑的女性，在有了孩子以后，来自家庭生活的压力，加速了她们的职业觉醒。寻求新的职业成为她们"重生"的唯一出口，但自己对新的一切毫无兴趣，成为她们最大的拦路虎。要解决她们的问题，我们首先就要来探索导致这种职业发展困境的深层次的原因：

（1）受家庭和职业环境影响，兴趣值低

多年的职业经历让我发现一个现象，但凡工作多年却无法实现职业发展突破、无力扭转现状的职场人士，在对兴趣值的探索上，几乎没有行动。

这是为什么呢？主要原因是受家庭环境影响。他们的父母至少有一方喜欢采用过多干预的方式教育子女。他们往往认为孩子天生没有自己决定的能力，便以家长的权威替孩子做了大大小小的决定，并引以为豪。然而，这样就使得这些孩子渐渐压制内心的探索欲望，形成了依赖型的性格。他们害怕自己独立承担未来道路上的挫折，他们对任何事物的兴趣值都很低。

除此之外，还有一种原因，就是受职业环境影响。比如 Polly，她从事的软件测试工作，内容一成不变，在长期不断修复 BUG、完善系统的工作中，她对工作毫无兴趣可言，甚至将这种"无兴趣"推及其他事物。

（2）面对新的职业选择，底气、信心匮乏

Polly 跟我说，对这次职业转型，她也是纠结不已。一方面，她不想再从事现在的职业，因为觉得毫无希望。另一方面，她又觉得贸然辞职，风险过大。因为她认为长期以来她从来没有接触过其他职业，历练较少。显然，没有兴趣，没有接触，让她在面临新的职业选择时底气不足，信心全无。

03

通过分析 Polly 的职业经历和自身特质，我们开始积极探索全新的职业曲线，鼓励她深入探索和挖掘自己的优势和天赋，找到能强烈激发其兴趣值的新职业，开辟新的职业发展路径：

（1）克服依赖心理，重建自我

知名的心理学家武志红曾经说过："认识自己的欲望与需求，并去满足自己，而逐渐地从好人的壳中走出来，成为一个生动而有坚定自我的人。"

因此，在我看来，一个人不够独立、不够坚定，过于依赖外界和他人，其实是自己的欲望和需求长期没有得到满足的结果。

受家庭影响，Polly 从小就对世界缺乏原始的探索欲望。当初选择软件测试工程师这个职业，单纯是为了高薪。而对高薪的要求远远胜过她真实的渴望，使她忽略了自己内在的增值力，最终迷失了自我。因此，我建议她克服依赖性，尝试关注和探索自己内心的真实欲望，从而找到一条适合自己的道路。

（2）构建愿景思维，学会预见

什么是愿景思维呢？《穷爸爸富爸爸》一书让我印象最深的是，穷爸爸总是抱怨，抱怨自己没钱，抱怨自己买不起；但富爸爸碰到类似的事情，却是另外一种思维方式，就是如何做才能买得起。如何买得起，这其实就是愿景思维。愿景思维是一种以终为始的思维方式，愿景是终点，也是出发点，以愿景为动力和导向，结合现实基础和条件，做出相应的行动，最终促使愿景的实现。

对 Polly 而言，疲倦于周而复始的测试工作，想要改变却顾虑重重，原因还在于她对未来没有明确的愿景。于是，我鼓励她大胆设想，想象自己5 年后是什么样子，想象选择新职业最理想的结果是什么。

（3）明确全新职业发展路线，走向蜕变

当下，新的市场需求不断出现和发展，从而产生了很多全新的职业，如理财规划师、亲子关系咨询师、色彩搭配师等。这些个性化的职业，在中高端市场中慢慢满足定制化的新需求，且需求范围不断扩大。

在我看来，对 Polly 来说，从事全新的职业与其说是一次尝试，不如说是一次蜕变。通过职业性格匹配和定位探索后，Polly 最终选择了亲子关系咨询师这个新兴职业。

做出这个选择，首先是出于现实和职业前景的考虑。现在，随着生活水平的提高，越来越多的父母对子女教育从原本的知识教育渐渐提升到心理教育。除了学业，他们更加关注儿童的心理健康，希望孩子身心都能健康成长。于是，亲子关系咨询师这个职业应运而生，并不断发展，市场需求前景广阔。

其次，从性格分析上看，Polly 个性温和，稳健性因子很强。她的性格中有很强的同理心，她对儿童有种天生的爱心，非常愿意探索孩子未知的心理世界，希望在成长的道路上为他们提供必要的帮助，避免早期的心理阴影。这无疑是一种优势。

此外，她从事多年的测试工作，逻辑思维很强，这恰好是一个可迁移的能力。亲子咨询师就是需要用框架思维的逻辑结构为客户提供一对一咨询，帮助客户找准需要修复的亲子关系的关键点。

针对这一职业，首先我建议她在工作之余努力储备知识，考取相关执业资格。在最初的 2～3 年，她必须慢慢积累经验，通过不断进行专业的亲子关系修复实践探索，逐渐形成属于自己的风格。然后，她可以借助互联网，在各个平台持续发声，打造一定的品牌知名度。在整个过程中，她要认真摸索，打造出精细化的独特亲子关系修复课程，用专业系统的服务帮助更多的家庭解决亲子关系中存在的问题。

一个人想要实现职业的反转，最艰难的往往不是定位，也不是计划，而在于如何明确未来目标和付诸怎样的行动，从而使自己的职业愿景落地，实现自我蜕变。

前途迷茫，如何以终为始，重塑自我价值

在我们每个人的生命长河中，职业是永远逃避不开的话题。

一份工作，在选择初期，往往与我们的生活品质息息相关，但是对于一个有着多年经验的职场老手来说，更多是内在价值感的体现和未来的希望。可是，一旦这种希望慢慢磨灭，日复一日迎来的是倦怠和折磨，那年少时的意气风发和成就感便荡然无存。

感觉前途一片迷茫的 Julie 就遇到了这样的问题，希望我能帮她找到解决方法。

01

Julie，女，5 年前研究生毕业，被父母安排进了当地一家事业单位，从事档案管理工作。

在外人看来，这份工作既体面又稳定，但是时间在她的脸庞上，记录下来的是无奈和悲伤。

Julie 伤感地说："这 5 年来，刚开始我觉得比较安稳，但是随着时间流逝，我现在感觉工作没有一点儿价值感。除了档案管

理及文书撰写的能力，我现在没啥成就感，只有所谓的存档，存档，再存档。"

去年，我有了自己的家庭。从那时开始，我真的是越来越颓废，总是忧心忡忡。感觉再过几年，我真的会没啥用了。"

她看着我的眼睛，郑重地说："赵老师，我今天来找您，就是希望您帮帮我。我想寻找新的可能，重新找到自己的职业价值感和归属感。"

02

听完Julie的诉说，我清楚地了解到，目前的职业已经无法给她带来安全感和价值感，反而是巨大的累赘。是什么原因造成了这种状况呢？从下面两点出发，我们一起来探索和分析根源。

（1）自信不足，害怕失败，优柔寡断

有这样一些人，就像Julie，从小父母就为他们提供了较好的物质生活环境，而且父母对他们的事情总是事无巨细地关心，不管大事小事都替他们去做，而他们也心甘情愿地享受着父母的优待。

看上去，他们是很幸福的。但是，这恰恰导致他们在生活中不能自理自立，不能独立面对和解决问题，自信不足，害怕失败，渐渐形成了优柔寡断的性格。

（2）受困于单一枯燥的职业环境，丧失挖掘潜力的能力

我们从Julie的职业环境来看，她所从事的事业单位档案管理工作，内容单一枯燥，只要按部就班，就不会出现任何难题。时间久了，她对未知

事物的探索能力变得更弱，对自身具有的潜力也无从发现。因此，虽然她想转型，却不知道离开了这份职业，她还可以做什么。

而对于这次职业转型，她之所以纠结不已，还有另外一个原因，就是这份工作是她的父母花费巨大精力为她安排的，放弃的话，她害怕父母会对她失望。

03

找到了以上根源，结合 Julie 的职业经历和自身特质，我帮她梳理出以下思路，以解决她当前的困惑，推动她积极探索职业的新型曲线：

（1）关注自我，学会独立

不知道你发现没有，有的成年人在职场中遇到挫折的时候，会变得像个孩子一样无助，这是因为虽然他们的生理年龄增长了，但是心理上依旧没有断奶，正如 Julie。她的学业乃至职业，都是由父母决定和安排的。她心甘情愿地接受父母为她安排好的一切。但是，随着她的成长，父母已经慢慢变老。未来，在人生道路上也好，在职业道路上也好，她必须学会对自己负责；无论对错，她必须自己做出选择。因此，我建议她学着主动关注自己的想法，尝试和父母沟通，用成年人的思维去思考问题，培养抗挫力，慢慢培养自己独立的想法和见解。

（2）以终为始，学会创造

史蒂芬·柯维在《高效能人士的 7 个习惯》中提到的第二个习惯是"以终为始"。"以终为始"的内涵在于：先在脑海里想清楚目标，然后再采取创造性行动，努力实现这个目标。这个习惯适用于人生各个方面，包括职业发展。它之所以与众不同，最关键的原因是它打破了我们平时观察和思考的狭窄维度，使我们的一切行为都由我们确立的未来目标决定。

像 Julie 一样，我们往往会过多的纠结于现在的痛苦和无望，但是视角拉到未来 10 年，乃至 20 年以后，你会发现，现在的痛苦变得毫无意义。现在正是打开新视野、新人生的新起点。对 Julie 而言，现在之所以痛苦，是因为还没有看到希望的出口，没有明确未来的目标。我建议她，找到并结合自己的优势和潜能，确立正确的职业发展方向，以终为始，先创设未来 10 年的职业目标，然后以此为依托，拆解到每年，针对性地采取创造行动，一步步做出改变。

（3）明确路线，挖掘潜力

从性格上看，Julie 个性温和，稳健性因子很强，而且她的性格中有很强的社会性因子。她喜欢通过自己的价值输出，获取外界给予的成就感。

另外，通过深入交流，我发现她除了拥有多年的档案管理经验外，还是一名数据控，练就了娴熟的制表技巧。海量的文字输出和查找，她都可以熟练地运用千姿百态的公式，一一快捷展示。同时，她的口才也不错。而且她非常愿意以沟通的方式，去帮助别人获取技能。

通过上述深入的职业性格匹配和定位探索后，她最终的职业定位是 EXCEL 培训师。当今社会，尤其对于初进职场的人来说，在自身能力还无法得到完全展现的情况下，在会议或报告中，一份精致的表格展示往往会为自己的职业发展之路添砖加瓦。因此，EXCEL 培训师已成为一种社会急需的人才。

要走这条职业发展道路，并不能一蹴而就。首先，我建议她考取培训师资格，在当前工作之余做好演讲知识的储备。经过前期 1 年左右的积累，再慢慢通过专业的技能探索前行。同时，要不断去学习其余办公软件的使用和操作技巧，创新发展，慢慢形成独特的风格。此外，要学会借助互联网，创造自己的品牌知名度，并通过精细化的 EXCEL 培训课程，服务更多的个体或者企业。

很多时候，对一个想要实现向上发展的职场人来说，获得一次职业的指引并不难，难的是如何获得认知和思维上的实质转变，从内而外挖掘自身隐藏的巨大潜力，这才是蜕变的终极意义！

不想将就，
是否可以义无反顾追逐梦想

你是否有这种体验：当你满怀信心在职业征程中打拼的时候，梦想很美好，现实却是一地鸡毛。你特别想要发挥自己的内在价值，却总是感觉受到各种力量的压制。这种长久的压抑，让你在岁月的流逝中，渐趋颓废，埋葬梦想。

下面我们要了解和帮助的就是这样一位来访者，她叫 Cathy。"我很想从事自己梦想中的工作，却有各种牵制。我感觉无法施展，该怎么办？"这是她目前最大的困惑。

01

Cathy，女，8 年前毕业于一所知名美术院校，并顺利进入上海一家广告企业，做起了 UI 设计师。

我们进行了深入的交谈。她告诉我："赵老师，你知道吗？广告公司工作量很大，这么多年来，我一直处于加班的状态。前两年，由于工作踏实稳重，我慢慢晋升到了设计主管。当了主管，工作时间变得更长，还需要把控其他设计师的设计品质。其实，我是可以接受加班的，关键是我原本以为可以展现自己的特长，按照自己的思路，设计出高大上的作品，但是总是遭受各种抨击，遭到各种修改。有时候，看到被改得惨不忍睹的作品，我就很难受，越发觉得自己只是一个版面的机器人，毫无创意。"

看得出，她现在很痛苦，很颓废。我知道，这其中肯定还有其他原因。我试探着问她，希望她能全部倾诉出来。

她又继续跟我说："工作几年后，我有了家庭，后来有了孩子。由于我越来越讨厌自己的职业，加上家里老人身体不佳，我就辞掉了工作。原本想着在照顾家庭的同时，可以调整自己的状态，重新找到更适合自己的职业，但是直到现在也完全没有头绪。我真的不知道我的未来该怎么办，难道还是走老路吗？"

02

其实像Cathy这样的人也有很多，他们受不了职业上来自外界的束缚，选择了离开，想要寻找新的希望，但是对未来却又毫无头绪。接下来我就和大家聊一聊形成他们这种压抑感的深层次原因：

（1）性格上渴望并追求自由

综合多个咨询案例，我发现一个很痛心的现象，但凡在职业中备感压抑的个体，往往有着一段压抑的童年。

在我的引导下，Cathy跟我聊了她的童年往事。从小，她的父母对她采取的就是打压式的教育。他们很少表扬她、赞美她，哪怕她表现得再好。他们给她最多的就是斥责和批评。

我了解这样的父母，他们希望斥责和批评可以激励孩子成长，让他变得更优秀，但是他们不会想到，这样做的结果往往和他们的初心背道而驰。

就像Cathy，在成长过程中，她渐渐感觉到自己被压制，变得不愿意用言语表达自己的想法，内心极度敏感，自尊心很强。她往往会用"逃离"这种最简单的方式去挣脱父母的束缚，而让内在的自由感不断得到释放。

这种模式在她此前的职业环境中又一次上演。她从事的设计岗属于众口难调、偏主观的岗位，要求"戴着镣铐跳舞"，掺杂了很多商业的韵味，但是这和Cathy的追求的"自由感"却有所背离。当她的想法被否定、被压制，长此以往，她只能选择逃离。

（2）陷入怪圈，无处发挥自我价值

提到未来的职业，Cathy很迷惑。首先，她感觉自己无法跳脱设计的怪圈，因为她除了懂设计，好像没有什么其他可以用来谋生的技能。

但是，喜爱自由的她又渴望能有一份自由的职业，让她可以发挥她的价值。

03

根据Cathy的实际情况，并结合她的职业经历和自身特质，我们积极探索了谋求全新自由职业发展的新型曲线，为她找出了未来的职业发展路径：

（1）摆脱高敏感特质的负面影响，尝试唤醒内在能量

在《高敏感是种天赋》中，伊尔斯·桑德说："高敏感的人最重要的特征之一，就是他们有非常发达的触觉，能够迅速感知到周围环境的细微变化，但如果没有及时得到验证，他们就会在自己脑海中迅速幻想和构思出各种情节。"

这段话首先道出了高敏感的人具有的优势，即他们善于感知周围的环境变化和他人的情绪，会有较高的同理心。同时，这段话又指出高敏感的人一旦陷入过度敏感，极易出现情绪波动，甚至产生受害者幻想。就像Cathy，由于早期的家庭压抑，对负面的评价会过于敏感，认为他人的评价是对自我价值的贬低。她甚至将自己放到了受害者的位置上，从思想上慢慢变得习惯于自我否定。我鼓励她正视自己，发挥高敏感的天赋优势，保留同理心的特质，学会接纳他人的评价和承认自身的不足，让自己内心渐渐变得强大，扬长避短，唤醒内在能量。

（2）学会用逆向思维思考问题，预见未来

德国著名的数学家卡尔·雅可比在解决难题时，总是遵循一个策略，即"逆向，始终要逆向思考"。对他来说，梳理想法的最好方法之一，就是以相反的方向来重新求解这一数学问题。他会写下自己想要解决的问题的反面是什么，结果发现这样一来，通常会更容易找到解决方案。

逆向思维颠覆了传统的因果解决方法，提供了差异化的解决思路，其实质就是"反其道而思之"，当所有人都朝着一个固定的思维方向思考时，而你却向相反的方向探索。

对Cathy来说，在当前的状况下，找出问题的反向症结点，反而更易脱离痛苦。我鼓励她用逆向思维去思考眼前的问题，想象一下，她痛苦的原因是得不到肯定。反过来，如果找到一份备受肯定同时能发挥自己天赋的职业，那么这份职业将会为她带来哪些新的可能。

（3）发挥天赋和潜能，开创全新职业发展路线

Cathy渴望拥有一份能够不断发挥自身价值，同时可以兼顾家庭的职业。经过深入交流和探索，我们发现找到这份职业其实不难，定制烘焙师这一职业正好符合她的要求。

从市场需求角度来看，现在越来越多的年轻白领崇尚健康的生活方式，在茶余饭后追求轻食的生活方式，而且他们更注重品质化需求，对色彩搭配、外观设计等有较高要求。这也就催生出定制烘焙师这一新兴职业，其发展空间广阔。

Cathy 之所以最终选择这个职业，主要考虑了以下因素：

一是 Cathy 个性温和，艺术型因子很强。同时，她心思细腻，对他人的需求变化较为敏感，而定制烘焙师正需要有这样的特质，只有能更好地体验客户的内心需求，才能使烘焙设计更切合他们的想法。

二是她有丰富的设计经验。蛋糕或其他甜品的整体设计都需要烘焙师有很强的美术功底。而且作为一个喜爱甜品的美食家，Cathy 完全可以发挥自身的创意天赋，将美食做到极致。

当然，要走好这条职业发展之路，首先要学习专业的烘焙技能，塑造专业化的职业形象，这需要 1～2 年。经过积累和沉淀，Cathy 就能在小范围内形成口碑。最后，Cathy 可以走电商化或微商化模式，渐渐开创出属于自己的专业化烘焙工作室。

其实，每个人都有自己看不到的天赋，学会逆向思考，站在更高的维度，全面审视自己，才能找准未来的出口。

跨越式成长思维

PART

4

第 4 章

现在的职业生涯选择，
真的是你想要的吗

很多时候，我们为了生活疲于奔波，似乎是为了满足一个又一个欲望，可随着职位节节攀升，薪水越来越高，内心却越发疲惫。

是你变了吗？不是，你依旧还是那个你。而最终，你往往会发现，辛辛苦苦那么多年，现在的职业生涯选择，却并不是自己真正想要的。

想到这里，你是否突然浑身冷汗直冒？那么你想要的究竟是什么呢？如果你不去找寻它，你会感觉心如浮萍，毫无定所；但是当你找到它，你便会感受到从未有过的新生感。

重辟发展之路，
如何突破现状，构建交叉曲线

新的一年，对多数职场人来说，意味着新的起点和希望。但对有些人来说，比如 Cindy，却意味着四处丛生的焦虑和不安。因为新的一年，她的生活和工作是一团乱麻，而她却不知道从何下手。

01

Cindy，女，8 年前大学毕业。学营销的她一毕业就进了一家知名的国外教育集团公司，并通过自身努力，从一名项目助理慢慢晋升到项目管理者。她穿行于各个机构，忙于项目谈判、项目审核、项目管理、项目培训等工作，就像一名斗士，不知疲倦。

但近年在线教育兴起，线下教育项目份额渐渐萎缩。经历商场多年的征战，她开始渐渐反思，并问自己：现在所走的职业发展之路是不是自己真正想要的？不走这条路，我还能做什么？

Cindy 跟我说："以前我身边的同学都非常羡慕我，因为能够进外企是很让人羡慕的一件事。我也非常珍惜在公司工作的机会，这么多年一直在努力往前冲。"

"但是从 2020 年开始，线下教育市场份额急剧萎缩，团队成员减少过半，而且这种情况还可能持续加剧。这让我开始慢慢意识到这份职业没有办法给我提供持续的保障。加上多年来四处出差，我也常常觉得身心疲惫。于是我试着去寻找其他的工作。我将简历挂在了招聘网站上，想去做自己喜欢的人力资源管理工作，但由于我现在没有这方面的专业技能，加上年龄大了，投出的简历都石沉大海。"

Cindy 叹了口气，说："赵老师，我知道转型是一个非常漫长的过程，我也已经做好了准备。可是我到底做什么，才是最适合的呢？请您帮我找到答案。"

02

其实，像 Cindy 这种情况，看似偶然，实则必然。从本案例中，我们顺藤摸瓜，慢慢找出了出现这种现象的根源：

（1）自我感觉良好，不能把握职业发展趋势

通过交流，我了解了 Cindy 的家庭成长环境。从小，父母对她百般呵护，要求她全身心地学习，希望她将来有出息。但是，很明显，这养成了 Cindy 偏保守的性格，习惯于寻求舒适、安稳的生活环境。

而外企的体制和体系非常健全，凡事只需要按部就班，按照流程进行，这给人一种很强的舒适感。同时亲戚朋友的艳羡目光，也让 Cindy 渐渐迷失在名企的光环下，未能及时预见职业发展中会面临的危机和出现的变化。

（2）面对专业技能和年龄的鸿沟，转型方向不明确

Cindy 曾经天真地以为在机制健全的外企工作可以给自己带来持续的保障，可是外企分工非常明确，一个人所接触到的职业范围较为狭窄，这种限制使她的职业转型困难重重。

另外，转型到底是选择从头再来，还是选择交叉点，是必须慎重考虑的问题。对 Cindy 来说，年龄已经成了她择业的一大门槛。她已经不再拥有从零开始进行挑战的勇气和精力，如今只能走一条跨度不太大的转型道路，这样还能嫁接她之前的职业经验。

03

针对 Cindy 面临的现实和职业需求，从多层次的思维转变入手，我为她制订了详细的转型计划：

（1）打破自满认知，放眼全局看问题

巴甫洛夫曾经说过："无论在什么时候，永远不要以为自己已知道了一切。"这是因为当我们感觉自己无所不能的时候，我们就会不自觉地变成一只井底之蛙。

在外企工作的 Cindy 之前就犯了这种认知错误。我首先建议她慢慢摆脱名企的光环，尝试以空杯心态去重新接收新鲜的知识，包括行业趋势、行业机遇等，从整个行业的角度出发，重新思考她未来选择的可能性。

（2）树立远见思维，从发展的角度看问题

李嘉诚告诉我们："好的时候不要看得太好，坏的时候不要看得太坏。最重要的是要有远见。"的确，我们没有预见未来的能力，但是我们却完全

可以树立远见思维，以长远的发展的角度看问题。

针对 Cindy，我鼓励她多去参加行业的深度洞察峰会，多去接触和效法不同领域的佼佼者，慢慢了解和学习他们的思维模式，刷新自己的思维角度，学会用独特的眼光，从发展的角度去分析和判断职业发展趋势和空间。

（3）从优势出发，构建职业发展交叉曲线

对很多人来说，最好的转型方式并不是从头开始，而是选择走职业交叉曲线。而这条道路也是 Cindy 的不二之选。在我们进行了深入的职业性格匹配和定位探索后，她最终接受我的建议，选择了教育行业研发讲师这个职位。我帮她分析了自己的优势：一是她坚定果敢，开发能力和谈判能力超强；二是她有教育行业项目管理经验，能够帮助她更好地抓住主流客户需求，研发出相应的课程产品。

天地一蜉蝣，大海一孤舟。要摆脱这种困局，在职业转型发展中，最重要的就是找到生命中的坐标，行所当行，止所当止，这样才知何去何从，才会进退从容。

身陷围城，如何断舍离，
突破职业发展之路

有的时候，职业困境就像一座围城，身处其中的人尽力想逃出去，逃出去后又辗转反侧，开始羡慕围城里的安逸自得，结果在不断地痛苦纠结里，发现时光已过半。

就这样，身处围城的 Hannah 找到了我。她很想逃离现在所在的事业单位，可是又担心放弃后，将来的自己会后悔。为此，她非常苦恼。

01

Hannah，女，12 年前毕业于一所师范院校，然后在父母的引荐下，进入了一家事业单位。

12 年里，她的生活看起来非常平静和安逸。而且随着时光的流逝，她也渐渐完成人生中的几件大事——结婚和生子。按道理，稳定的职业发展环境对她来说是非常适合的，她也很享受美好的亲子时光，可是她内心却总是感觉缺少点什么。

Hannah 跟我说："以前我身边的同学非常羡慕我，觉得我不用挤破头皮去竞聘一个不起眼的职位，也不用看老板眼色，在事业单位工作又安稳又舒适，非常幸福。"

"但是，"她停顿了一下，继续说，"其实从 5 年前开始，我就感觉自己开始颓废和平庸了。这些年，我的同学都渐渐成为企业中的中坚力量，甚至有的创业成功，开辟出自己的一片天。而我除了安稳，没有任何其他收获。我其实是一个有点儿心高气傲的人，希望能够在某个领域成为佼佼者，但是现在这种希望好像离我越来越远了。"

说着，她意味深长地看着我，然后继续说道："赵老师，我虽然工作 12 年了，但是我有时候真的不甘心就这么做一辈子，可是想到放弃，又怕让家人失望，还怕万一跳出去后反而不如现在，岂不更糟糕？"

说到这儿，她苦笑了一下："赵老师，我也不怕你知道，最近 5 年我拼命地去学习心理学、管理学、教育学方面的新知识，但是明显感觉精力不够用了，学一点儿就想放弃。我现在真的是很苦恼，你说该怎么办？"

02

其实，我很理解 Hannah，像她一样的人着实不少。他们被内在的纠结困住，想要逃脱，又因现实原因顾虑重重。

35 岁以后，对很多人来说，好像职业发展已成定局。但是也许在职业的岔路口，会有柳暗花明。下面，先和大家聊一聊陷进围城的内在根源：

（1）安全感不足，独立性差

其实，在和 Hannah 沟通的过程中，我就发现她具有胆怯的性格特点，而且独立性差，做事情不够果断。随着深入的了解，我找到了问题根源。

Hannah 父母比较强势，总是用"我这样做是为你好"的观点，将他们的意志强加到她的身上。从小到大，Hannah 习惯了父母为自己做决定，并形成了"父母的观念永远是对的"的错误认知。父母的干涉给 Hannah 建了一座安全的围墙，导致她对不安全的事物会不自主地感到害怕和胆怯，在面对问题和选择的时候，也无法自己果断地做决定。

（2）梦想很远大，现实很骨感

一直以来，Hannah 都以为父母的话永远是对的，可是她虽满足了父母的意愿，却离自己的梦想越来越远。这就是现实，她自己从思想上束缚了自己。

Hannah 想要做佼佼者，羡慕走向成功的同学，却又始终迈不出转型第一步，思维认知是最重要的原因。而怎样摆脱思想束缚和不得不面对的年龄问题，则是她转型路上非常骨感和残酷的现实。转型到底是对还是错，这是个伪命题，不去尝试，永远没有答案。

03

根据多年的职业经验和对 Hannah 的了解，我认为双轨型职业发展之路比较适合她，我们开始制订详细的转型计划：

（1）打破内在恐惧，为自己发声

美国总统富兰克林·罗斯福曾经说过："我们唯一感到恐惧的就是恐惧

本身。这种难以名状、失去理智和毫无道理的恐惧，麻痹人的意志，使人们不去进行必要的努力，它把人转退为进所需的种种努力化为泡影。"这句话是美国面临经济危机时，他对民众发表的演讲词。罗斯福的这句话不仅是对美国人民的鼓励，更是罗斯福本人超凡自信的表现。

实际上，对 Hannah 来说，内在的恐惧恰恰来自对未来的无能为力。我鼓励她开始积极地关注自己内心的想法，不要过多地考虑外界的声音，慢慢尝试自己独立自主地做出决定。

（2）学会减法思维，为自己减负

《反脆弱》中讲了这样一个故事：教皇问米开朗琪罗，他成为天才的奥秘在哪里，尤其是他如何雕刻出来大卫雕像的。米开朗琪罗的回答是："这很简单。我只是剔除了所有不属于大卫的部分。"这就是减法思维，它之所以有效，就在于当我们把那些不重要的部分剔除之后，留下的自然都是最重要、最精华的部分。

Hannah 说她选择了好几个领域去探索、去学习，这其实毫无意义。一方面，耗费了她的精力；另一方面，接触过广过泛，会让她产生学习焦虑，很难有成就感。我建议她尝试着给自己减负，做到"断舍离"，只选取最适合自己的那个领域去探索，效果会更好。

（3）建立双轨型职业发展曲线，为未来助力

在我看来，在主业无发展可能的前提下，我们可以尝试双轨型职业发展之路，慢慢积蓄内功。因此，在经历深入的职业性格匹配和定位探索后，Hannah 最终决定兼职做一名插画师。

之所以让她做兼职插画师，首先是因为 Hannah 性格内敛，有爱心，同时具有很强的艺术天赋。她告诉我，她曾经非常喜欢绘画，但是父母不

支持她，最后便不了了之了。其次，我知道，现在国内外绘本市场需求极大，是一个非常有发展空间的天地。Hannah 完全可以利用她绘画的艺术优势，去尝试研发出儿童比较喜欢的绘本作品。当有一定专业积累和实力后，可以向出版社投稿。在这条路上，她的未来有无限可能。

岁月蹉跎，永远不要放弃你的梦想。倾听内心最真实的声音，勇敢破除恐惧，学会断舍离，你才能突破所处的职业围城，超越平庸的自己。

当梦想与现实撞车，
如何开拓融合发展之路

不知道你是否有这样的困惑：时间流逝，家庭的责任越来越大，工作对你来说更多的仅仅是为了生存。你曾经有过小小的梦想，但是都被残酷的现实无情碾压了，你的激情不复存在。但是当你的职业无法持续给你带来价值感的时候，你内心的火苗又被点燃，你开始尝试选择新的可能，可是没能预料的是，你笑着走进去，却哭着想要逃出来。

Qearl 就有这样的遭遇。她非常喜欢她的新职业，并为此付出了很多心血，可是结果却和她预期的完全不一样。这到底是怎么回事呢？我们一起来看一看。

01

Qearl，女，8 年前毕业于一所 211 院校，顺利走进一家知名外企，从事当年比较朝阳的猎头岗位。

由于业绩和能力出色，她渐渐从猎头助理做到专员，最后又晋升到猎头主管的职位。从她的经历来看，似乎看不出什么问题，一切都挺好。

但是，深入交流时，Qearl告诉我：“我本身是做猎头出身的。近几年，整个行业的市场份额慢慢呈现下滑的趋势，大部分企业内部业绩下滑，对高端的候选人需求急速减少，我们不得不转型做了中低端的客户群体。虽然后来我晋升了，但是由于业务缩水，我们的团队提成也渐渐大幅缩水。”

“从那时开始，我就开始积极寻找第二职业。我对心理学有很浓厚的兴趣，也获得了相应的心理咨询证书。我就想找一份可以展现自己价值的职业。看到市场对心理咨询的刚需，我裸辞了，成立了咨询工作室。可是没想到一年多来，一个客户都没有。”

“哎，”一声感叹后，Qearl继续说道，“毕业都快8年了，我本来以为跟着自己的感觉走没有错，可是谁知道有时候想起来很简单，真正做起来完全不是一回事，你说我现在该怎么办？”

02

我能感受到Qearl受到的打击有多大，梦想实现了，现实却跟想象的不一样，于是再一次陷入困境。梦想和现实到底怎样权衡，是否该放弃梦想，回归现实呢？要解决这个问题，首先我们要了解梦想和现实撞车的深层次原因：

（1）渴望得到肯定，追求存在价值

从多年的职业经历来看，我发现一个很有代表性的现象，一部分人创业的动机，仅仅是希望得到周围的肯定。Qearl就是这种情况。

这是为什么呢？通过和Qearl深入沟通，我找到了答案。从小到大，

Qearl 的父母只知道满足她的物质需求，忽略了她内在的真实需要。他们之间缺少沟通，这一度让 Qearl 觉得父母好像并不爱她。正是由于这样，在成长过程中，Qearl 渐渐感受不到自己的闪光点，觉得自己是不被认可的。长大后，做任何事情，她往往先考虑能否得到大家的肯定，获得自己的存在价值。

就像工作一样，她以前从事的猎头岗类似销售岗，之前在业绩增长的情况下，可以频繁获得领导的肯定。可是后续业绩下滑后，考核从质量转为数量，她的成就感就大幅度降低了。她要寻找被肯定的感觉，当她发现心理咨询受到社会普遍认可后，便迅速转型。

（2）面对现实困境，思想准备不足

原本，Qearl 以为创业后，不仅会收获地位，还能提高收入水平。但是由于她没有对现实中面临的问题做出充分的估计，也没有做好应对困境的心理准备，所以，当她面临创业初期的失败后，便备受打击。一方面，付出了那么久，她不甘心就这么放弃；另一方面，她也不愿意回去继续做猎头的职业。其实，准备创业的人，一定要清楚，很少有人一下子就成功，总会经历创业初期的困难期。其实，纯做心理咨询在中国市场还不是很成熟，除了几个非常知名的心理大咖，大部分都是处于吃不饱的阶段，这一点 Qearl 并没有考虑到。

03

结合 Qearl 的职业经历和自身特质，我们一起积极探索融合型的职业发展曲线，明确了新的职业路径：

（1）增强内在信心，学会自我肯定

有一本书叫《向前一步》，其中提到，女性要想发展事业，需要首先打破自己的内在障碍。作为职场女性，完全应该追求更高远的梦想，努力破除内在障碍，向前一步，实现自己的潜能。

其实，过度地要求被肯定，恰恰是自信不足的体现。Qearl一直想要获取周围的肯定，却忽略了自己的真实感受。我鼓励她忽略外界的声音，从现在开始，向前一步，更多地关注自己内在的成长，学会自我肯定。

（2）构建跨界思维，寻找联结点

巴菲特的合伙人查理·芒格，一直推崇跨界思维。他曾经做过一个非常形象的比喻，他将跨界思维誉为"锤子"，而将创新研究比作"钉子"，认为"对于一个拿着锤子的人来说，所有的问题看起来像一个钉子"，形象地诠释了跨界思维与创新研究的"大"与"小"。

以此为鉴，跨界的核心是创新和借智。Qearl从事心理咨询行业，其实一直没有开拓渠道，总围着以前的客户圈子打转，有很大的局限性。我鼓励她树立跨界思维，多去接触各个不同领域的行业，去分析每个行业背后的商业需求，寻找可能的联结点。

（3）开拓融合型职业发展路线，增强生存力

随着手机互联网的兴起，你会发现我们身边增加了很多新型职业，比如品牌咨询师、传播学讲师等。这些职业之所以兴起，其实是因为从业者有着传统职业的多年历练，同时能够结合市场的新增长点去融合创新。

在我看来，单一化的职业方式已经慢慢消亡，只有结合市场需求和特质，才能获得更长久的发展。所以我最终帮Qearl定位的是转型到就业指导培训领域，做就业指导培训师。Qearl个性果敢，沟通能力很强，逻辑思

维较为缜密，很适合这个职业。

对于即将大学毕业的大学生，择业是一个难题。Qearl 的猎头管理经验丰富，可以为面临职业选择的他们提供更加专业的就业指导和咨询，帮助他们解决面试和求职路上的困难，顺利找到自己心仪的工作。Qearl 还可以结合线上和线下的团体培训，提高他们职场的生存能力。与此同时，她有着丰富的企业客户资源，也可以从个体客户中，为企业推荐符合要求的中高端人才，获取相应的服务收入，并从中实现自己的价值。

稻盛和夫曾经说过："人的能力绝不是一成不变的，始终要把跨栏的高度设置在比现有能力高两三成的高度。"所以，当你不断突破你的潜能，树立跨界思维，了解商业背后的逻辑，相信你会走向事业成功的新起点。

进退维谷，如何着眼未来，完成人生破局

在职场中，随着年龄的增长，我们的职业激情往往会褪去，有时候甚至觉得与多年前的初心渐行渐远。长期的周而复始，加上职业环境变化，让我们迫切想要改变现状。可是我们却像陷进了一个黑洞，有着沉重的无力感，想要爬出来，却又被拉进去，越陷越深。

下面我们就来认识一位咨询者，她叫 Lucy。她就处于上述困境之中，很想改变，但是就是动不起来，不知道该怎么办。

01

Lucy，女，10 年前从一所财经院校毕业，由于成绩优异，顺利进入一家国有银行工作。在工作中，她思维缜密，做事严谨。凭着自己的努力，她从普通柜员晋升到了高级管理柜员，负责授权审核类的工作。

这份看上去特别让人羡慕的光鲜工作，却给她带来无尽苦恼。她说："刚开始的时候，能够进国有银行工作，父母都特别欣喜，觉得我有个安稳的铁饭碗，一辈子都不用操心了。可是进去后我

才发现，各种检查、内控考核，周而复始。后来虽然升职了，但是进来的新人业务不熟练，几乎都要手把手教，稍一疏忽，就会导致工作失误，扣我的奖金。有时候，我感觉每天都是单据满天飞，来不得一丝松懈。

"近几年，由于受到市场的冲击，我们银行各网点的营业额大幅下滑。柜台开始裁员，同时鼓励转岗去从事营销类的岗位。可是我对客户经理的岗位完全不感兴趣。我感觉饭碗快保不住了，现在很纠结，但是不知道怎么办。"

说到这儿，我大概能猜到她为什么纠结。于是我引导她："那你能告诉我你到底在纠结什么吗？"

她无奈地跟我说："我现在的心愿是从银行系统中走出来，可是做其他工作我又觉得自己没竞争力。另外，我这个人也没什么兴趣，感觉出路很渺茫，不知道怎么办。"

02

很显然，要帮 Lucy 解决问题，让她不再纠结，我们首先要找出造成这种情况的根源，我总结了以下两点：

（1）自尊心强，敏感脆弱

为了找到根源，我和 Lucy 进行了更加深入的交谈。她告诉我，从小她的父母对她就要求特别严苛，尤其是当她遇到挫折的时候，不仅不会安慰，还会训斥，这让她有时候连哭都不敢哭，常常压抑自己内心的真实想法和欲望。

所以，在成长过程中，她渐渐压制内心真实的想法，内心承载的负面东西也就越来越多，而她一直找不到释放途径，就渐渐形成了敏感的性格，害怕别人触及她内心的脆弱。这就是我现在看到的她，自尊心极强，内心极度敏感和脆弱，面对预料外的职业环境无力感倍增。

（2）想要改变，又割舍不下

对 Lucy 来说，柜员岗位要求严谨细致，工作制度化、规范化，本身就让她无法释放真正的自己；再加上裁员、转岗风波骤袭，使她压力倍增，急于改变现在的状态。但是，与此同时，对这份职业，她又不能舍弃，因为虽然收入不高，但相对稳定，可以满足家庭一部分正常开支。而且，对新的职业方向，她也没有明确的目标。相对而言，她还是觉得自己喜欢金融类职业。

03

针对 Lucy 的情况，我鼓励她开始探索自己的优势和天赋，根据她的职业经历和自身特质，我建议她选择延伸型的职业发展曲线，朝着新的职业发展方向，慢慢探索：

（1）告别敏感特质，释放真我

其实，当我们觉得无力改变某些事情的时候，都是被自己的惯性思维束缚了。Lucy 自小就习惯了压抑自己的真实情感，不喜欢向周围人袒露心声，内心的负面情绪越积越多。对于这种状态，我鼓励她做一次深度的心灵洗礼，例如深度冥想，在安静、自然、放松的状态下，冥想思考，释放出内心简单、快乐的自我。

（2）培养升维思维，着眼未来

苹果的精神领袖乔布斯说过这样一段话："有些人说，消费者想要什么就给他们什么。但那不是我的方式。我们的责任是提前一步搞清楚他们将来想要什么。"这就是乔布斯升维思维的体现。所谓升维思维，简单来说，就是跳出现在的维度，提高格局和境界，从更高的维度去思考问题，从而找到解决问题的方法。

对 Lucy 来说，培养升维思维很关键。多年来，她只专注于银行柜员工作，缺乏更多的职场历练，当站在新的职业选择路口，她便毫无头绪，进退两难。"对于到底该选择什么职业"这个问题，她不能只看现在，我鼓励她尝试用升维思维去思考这个问题，把眼光拉到未来，思考未来 10 年将会需要什么样的职业。

（3）开拓延伸型职业发展路线，完成人生破局

在这个选择多元化时代，越来越多的人开始不满足传统的消费体验，渐渐形成了定制化的中高端需求。比如，私家心理医生、私家牙医、私家教练等新兴职业就是应市场需求而生，中高端市场中全新的家庭化私密性需求，对相应服务的专业度要求极高。

着眼未来，鉴于 Lucy 热爱金融行业，并有丰富的行业经验和服务专业度，结合她的职业性格和特质，最终我建议她做理财规划师，理由有三：

一是当今时代，随着收入的不断上涨，越来越多的人反而成了"月光族"。原因就是理财意识淡薄，理财知识匮乏。怎样合理地规划财务，并使其增值，是越来越多的人迫切想要解决的问题。

二是 Lucy 个性温和，社会性因子很强，且她的性格中有很强的利他因子。理财规划师这个职业正好可以发挥她的特质，让她在帮助他人的同时，

也收获自我成长。

三是 Lucy 有多年的银行柜台管理经验，对数据有着超强的敏锐度，而理财规划师正需要有这种能力。与此同时，通过交流，我发现 Lucy 很善于倾听，具备很强的同理心。这正好可以帮助她更好地获取客户需求信息，从而为其制定更加完备的理财方案。

当然，要做好任何一项工作，都需要有一定的知识储备和实践经验。Lucy 也不例外。她必须要用 2～3 年去积累和探索，使自己真正成为业内专家。此外，她要学会利用传统媒介、自媒体平台等进行自我推广，并尝试打造专业品牌，以精细化、专业化的理财规划课程吸引客户。

生而为人，我们最珍贵的天赋是改变的能力。就如同鸡蛋，从内打破是生命，从外打破便成为食物。同样，面对职业困境，从内打破，我们便能重新开始，不断成长，但若被别人从外部打破，那我们注定成为失败者。

望而却步，
如何开拓一份持续增值的事业

在职场中，总有这样一些人，他们在工作中摸爬滚打多年，却没能获得可以引以为傲的成就。久而久之，他们便渐渐走向颓废。他们很想跳出这种状态，但每次尝试都感觉被命运缠住脚步，一次次失败，让他们对未来望而却步。

Mindy 就是这样一位咨询者。多年来，她都很想找到职业带来的成就感，但是却一事无成。

01

Mindy，女，8 年前毕业于一所知名院校英语专业，毕业后理所当然地选择了和英语相关的工作。

8 年里，她的职业之路非常不通畅，频繁变换职业的她让我也有些吃惊，但是随着了解得更多，我也更加理解和同情她。

Mindy 告诉我："这 8 年来，我一直在找寻适合自己的工作，离职 6 次，做过外企会展咨询员，做过外贸业务员，也做过英语翻译。但是，我不知道为什么总是因为各种原因，例如，要么是工作量太大导致过度加班，要么是被算计，要么是遇到无良的领导，最终每份工作都草草收场。"

她顿了一下，继续说："后来，我生了孩子。这让我觉得我必须找一份安稳的工作了。这么多年跌跌撞撞，我真的是身心疲惫。"

我很清楚地看到了她的悲伤。她咬紧了嘴唇，泪流满面，哽咽着说："赵老师，我感觉冥冥之中，我就是个失败者。可是我想打破这个困局。我非常非常希望找到一份成就感高并且可以长期做下去的职业。我不能再这样下去了。"

02

其实和 Mindy 一样心怀梦想的女性有很多，但无奈的是，她们的梦想总是无数次被打击得支离破碎。成就感是她们职业道路上最大的追求，但却始终求而不得，接下来我们就来聊一聊职业成就感低的深层次原因：

（1）不公正的童年导致天生的自卑，遏制能量发挥

经过多年的研究，我发现一个很痛心的现象，像 Mindy 一样在职业道路上屡屡遭受失败的职场女性，大部分在童年时都遭遇过不公正的待遇。

这就要追溯到她们的家庭成长环境。她们的父母一般有着明显的重男轻女的观念。当她们提出要求的时候，不是遭到斥责，就是被置之不理，她们在家庭中感受不到爱的流动。这让他们渐渐觉得爱是很奢侈的，从而将内心对爱的渴望压制下来。于是，"我不配"思维模式在她们脑海里生成，让她们觉得幸福从来不是属于自己的。她们从内向外都表现出小绵羊式的畏

惧感，而这种负面情绪恰恰遏制了她们能量的发挥。

（2）丧失职业沉淀，自信心不足

作为职场人，我们都知道，公司都是分层级的。而对于权威的畏惧，却让 Mindy 形成一种逃避的模式。由于害怕伤害，为了保护自尊，Mindy 在不断逃离中，使得职业的沉淀荡然无存。

对于频繁变换职业，Mindy 也难过不已。她不理解自己为什么每次都因为外部的环境选择逃离。其实，根本原因在于她对自己信心不足，面对任何职业，她都觉得自己不可能成为其中高手。

03

对于 Mindy，最重要的是帮她找到一条可以坚持并持续增值的职业发展道路。通过鼓励她挖掘自己的天赋和优势，并结合她的职业经历和自身特质，我们开始积极探索新的职业路径：

（1）超越自卑，重建自信

关于 Mindy，前面我们已经了解了她之所以自卑的根源。知名的个体心理学家阿德勒曾经在《自卑与超越》里说过："我们生活在与他人的联系之中，假如因自卑而将自己孤立，我们必将自取灭亡。我们必须超越自卑。"因此，对 Mindy 而言，如何超越自卑，是极为重要的一步。

我鼓励她回忆过往的成功事件，找到自己的优势和天赋，重建对自己的信心。

（2）培养光明思维和正向激励思维，导向成功

有这样一则小故事，美国心理学家罗森塔尔和助手们来到一所小学，

进行"未来发展趋势测验"。他随意选了些学生进行测验，之后他以赞许的口吻将一份"最有发展前途"的名单交给了老师。8个月后，罗森塔尔对名单上的学生进行回访，结果奇迹出现了，凡是名单上的学生，个个成绩都有了较大的进步，且性格开朗、自信，成为班里的佼佼者。这就是著名的"罗森塔尔效应"。它利用光明思维和正向激励思维的强大暗示力，把人的潜能激发出来，达到了期待者所期望的结果。光明思维，实际上是一种以积极的心态为主导，使人始终坚信"前途光明"，从而调动和开发自己的潜能并导向成功的思维方法。而正向激励则是通过肯定和鼓励等手段，使人始终保持积极的状态。

我们再来看 Mindy，她感觉自己仿佛被戴上了金箍，其实这是她内心自我暗示的结果，很大程度上都是她自己想象出来的。她必须克服自己的心魔。我鼓励她重新评估自己的职业经历，构建自己内在的职业竞争力，尝试构建光明思维，学会自我正向激励，不是花大量的时间去考虑"都是谁的错"，而要把一切都看成能充实自我的财富，多去考虑"我应该从哪些方面去提高"。

（3）寻求蜕变之路，坚定前行，持续增值

现在这个社会，往往缺少的不是特别聪明的人，而是可以在一个领域孜孜不倦，以匠人的精神去持续攻克难题的人。他们具有比普通人更多的耐力和坚持。

在我看来，对任何一个像 Mindy 这样的人来说，找到某个领域并坚持在这个领域持续发展，与其说是一次耐力的比拼，不如说是自我的一次蜕变。而在经历深入的分析和探索后，Mindy 的蜕变之路就从选择做英语培训师开始了。

毫无疑问，随着全球化的深入发展，学习英语越来越受到职场人士的青睐。而英语的教学培训也已经形成线下和线上双结合的模式，很大程度上满足了业余时间比较稀缺的白领群体。这一职业对英语专业出身的 Mindy 来说，绝对是一份值得长期坚持和可以持续增值的职业。

另外，Mindy 个性随和，沟通性因子很强，性格有很强的利他因子。培训师这种精神回报高的职业很适合她。本性单纯善良的她，原本内在的热情也可以在从事这份职业的过程中被渐渐激发。当她用耐心和激情去慢慢激活对方的学习激情时，她便会饱含热情，远离颓废。而且 Mindy 可以发挥她的沟通能力，专注地在她喜爱并擅长的领域不断获取教学上的成就，从而告别失败的魔咒。

那么，这条职业发展之路具体要怎样走呢？首先，她要考取教师资格证，并投入 1 ~ 2 年去积累教学经验，摸索教学模式，然后慢慢打造出具有自己的独特风格的英语培训品牌。

凭借自身的专业性，我相信 Mindy 会忘记过往的伤痛，在适合自己的这条道路上，发挥自己真正的价值，光明前行。

向失败学习，大胆折腾，才能"触底反弹"

在生命的长河里，我们总是无法避免猝不及防的挫折。它像一枚炸弹，我们不知道它将会在什么时候突然爆炸。

试着回想一下，曾经的你是不是敢于折腾？而那时最大的资本是年轻。可是如今，面临生活的重压和家庭的期待，你可能不得不忍气吞声，谨慎卑微地赚着固定的薪酬。但即便如此，依旧逃脱不掉当头一棒，被打进现实的沼泽里，无法动弹，就像Elsie。

01

Elsie，女，10年前大学毕业，进入一家知名的零售集团做销售工作。一直以来，很多人都觉得她非常成功，职位光鲜，家庭幸福。可是谁也没想到，现实给了她一次重击。

交谈之初，Elsie跟我说："这么多年来，我一直都兢兢业业、一丝不苟，一路从底层销售做到了高级销售经理，团队整体的销售额也是逐年攀升。"

乍听之下，我感觉她挺棒的，但是她伤感的表情告诉我，一定发生了令人不愉快的事情。我问："这看起来挺好啊，到底是什么事情让你这么难过？"

她表情略带苦涩地回答我："近几年，由于互联网行业的冲击，我们整个团队的销售额渐渐下滑，便顺势做了转型，进军电子商务行业。可是因为前期的广告投资较大，市场的接受度不大，还需要一段时间才能被认可，整体销售额增长非常缓慢。"

说到这儿，她停了下来，表情更加沉重。

我轻声问："怎么了呢？"

Elsie 叹了一口气，说："上个月，我突然收到了人事部的通知，说我在最近的一批裁员名单中。当时的我简直是五雷轰顶，顿时感觉自己一无是处，不知道该怎么办。"

02

听完她的诉说，我很理解她的感受。面对猝不及防的裁员，任何人都有可能丧失前进的动力。对 Elsie 来说，她现在迫不及待地想找到未来的方向，但是却感觉一团混沌。下面，我们就来谈谈这种混沌感产生的根源：

（1）渴望关爱，极度追求成功

同之前的很多咨询者一样，Elsie 极度渴望成功，源于内心对关爱的强烈渴望。

自小，他们的父母对他们采取的就是打击式教育，忽略他们的真实感受和对爱的渴望，给他们的不是冷漠，就是严厉的斥责。这就使他们在成长过程中，感觉自己被忽略，觉得父母不爱自己。为了获得父母的认可，他们就拼命地学习，想用优异的成绩换取父母的关爱。

（2）职业发展受挫，未来方向不明

销售是可以快速赚钱的职业，能迅速满足渴望成功人士的内在追求，这是 Elsie 当初选择这一职业的根本原因。但是一旦她失去了这份工作，她就会瞬间觉得自己毫无价值感，好像整个世界都崩塌了。

对于未来的职业，她又纠结不已。一方面，在营销管理领域，她很想再上一个层次。另一方面，她又希望有一份相对自由并且可以持续增值的职业，能发挥她内在的价值感。

03

经过深入的交流和沟通，我鼓励 Elsie 进行深度的自我探索，以帮助她明确发展方向。最后，综合她的职业经历和自身特质，我们对全新职业的发展曲线进行了探索和分析，确定了新的职业发展之路：

（1）增强积极的心理暗示，培养反弹力

我们都知道，暗示的力量是强大的。积极的心理暗示可以成就一个人，消极的心理暗示则可以摧毁一个人。

前面我们了解到 Elsie 极度渴望成功，来源于职业的成就感，是她支撑自己、肯定自我的强大力量。因此，被裁员的打击对她来说是毁灭性的，她一下子就陷入强烈的自我否定，认为自己干什么都不行。我鼓励她正视自己，开启积极的心理暗示，回想最擅长的事件并一一写下来，从而激活内在的信心。

同时，Elsie 要培养自己的反弹力。这里的反弹力指的是一种有效应对压力、挫折、变化和挑战，并能够从中恢复的能力。要培养这种能力，让自己的内心变得强大起来，就要学会接受挫折，并用积极乐观的心态去面对，从而利用自己的优势去采取行动，解决问题。这也是 Elsie 摆脱当前困境的最有效的方法。

（2）构建黑匣子思维，学会积极精进

英国作家马修·萨伊德在《黑匣子思维——我们如何更理性地犯错》中说："失败并不可怕，而且蕴含着更多的机会，我们要以积极的心态去面对失败，并从失败中磨炼自己学习的意志以及不断创新的精神。"这里强调的就是黑匣子思维，这种思维方式颠覆了传统的向优秀者学习的方法，提供了完全不同的解决思路。把失败作为学习的最佳途径，是一种从失败中吸取经验的积极态度。

这种思维方式恰恰是遭受重创的 Elsie 所需要的。我鼓励她构建黑匣子思维，培养从失败中学习的勇气和能力，重新选择适合自己的职业发展路径。

（3）开辟交叉型职业发展路线，释放天赋

如今，选择一份职业已经不仅仅是为了保证生存，更是为了能够充分发挥自身的天赋，从中获取成就感。这也正是 Elsie 追求的。结合她的职业需求，在进行了深入的职业性格匹配和定位探索后，从销售管理的职业经验扩散出去，我们最终把她未来的职业目标确定为销售培训师。

首先，我们着眼于当下和未来，分析了这一职业的发展前景。在这个知识快速更新的时代，企业内部的销售技能根本无法紧跟时代的步伐，越来越多的企业开始重视销售的谈判技巧以及目标管理技能，并希望从外部引进优秀的培训师，以节省企业的自我探索成本。

其次，对 Elsie 来说，与销售管理相比，这是一份交叉型的职业。她既有多年的销售经验，又有团队管理经验，具备扎实的团队管理和目标管理技能，这项技能完全可以迁移到销售培训师的工作中。

与此同时，Elsie 个性果敢，乐于分享，有很强的社会型因子和同理心，内心非常善良，培训这个职业可以将她的这些特质发挥到极致。

当然，要走好这条路并不容易，前期需要 1 年左右的积累。我建议她先求生存，再求发展，先全职应聘第三方企业培训机构，慢慢积累培训经验，摸索出自己的品牌课程。有了品牌课程，就可以通过口碑的力量，做出属于自己的差异化课程，历经沉淀，最终走出属于自己的全新的培训师道路，打造出自己独特的 IP。

其实，一个人要华丽转身，最艰难的往往不是自信的重建，而是思维的转变和决策的正确。无论何时，只有决策方向正确，大胆折腾，才能"触底反弹"。

跨越式成长思维

PART 5

第 5 章

**职场倦怠, 你是否
想拥有一份事业**

在职场中，有这么一部分人，他们已经具备一定的经济基础，但是随着年龄增长，心态渐老，他们对于未来又产生另一种希望，内心经常会有这样的声音：

"打工打了那么多年，感觉打不动了，好想有一份自己的事业啊！"

"辛苦了这么多年，身体越来越吃不消了，真不想打工了。"

…………

那么，像他们心里想的那样，如果不打工，未来该如何开启自己的事业呢？是否依旧会有丰厚的收入？是否可以拥有一份越老越吃香的事业？对此，我想说的是，拥有一份事业并没有想象中那么难，关键在于是否愿意迈出第一步。

个体崛起的时代，
如何精准定位，拓展副业

在一次分享会上，就职业发展的问题，有些学员问我：

"我觉得现在的职业已经没什么发展前景了，想发展副业，但是我又不知道自己擅长什么。该怎么办？"

"我感觉拓展副业很困难，怎么办呢？"

类似这样的问题还有很多，接下来我们谈谈 Coffee 在拓展副业的途中遇到的困难。

01

Coffee，"80 后"，在一家企业从事稳定的文案工作，但是因拓展副业，精力透支，导致主业和副业无法兼顾。

交谈时，Coffee 跟我说："赵老师，我是一名资深文案员，工作相对轻松。由于空余时间较多，我的本职工作相对枯燥，我就想发展副业。我的业余爱好是画画，因此赶在自媒体的大潮下，我兼职做了一名美术培训讲师。有了副业，我就得经常在线上平台给学员培训相关少儿美术绘画方法，这样我的空余时间就基本都被占满了。慢慢地，我开始感觉自己精力不够，而且我的本职工作也受到影响，策划方案的满意度越来越低，领导因此已经找我谈了好几次话。赵老师，难道我真的要放弃自己的副业吗？鱼和熊掌真的不可兼得吗？"Coffee 的语气里满是无奈和悲伤。

显然，如何保持主业和副业平衡发展成了她最大的痛点。要帮她解决问题，我还要了解更多。我问道："能不能告诉我你当初从事副业的动机是什么？这半年多来，你的生活还有哪些变化呢？"

她思索了一下，说道："开展副业前，我的想法很简单，就是希望自己的生活能有更多的可能。不过，美术这一行是需要不断去投资的。开始做之前，我也花了很多钱去进一步学习相关的美术技能。现在，家长们越来越重视培养孩子的艺术特长，美术是其中一个重要方面。但是，我想做的不只是培训儿童，我希望不断提高自己的美术水平，以后可以对成人进行培训。可是越学到后面，我越感觉艰辛。我现在边学边做，时间和精力都明显不够。我不知道为什么身边的朋友做起副业来精力旺盛，可我却不行，更兼顾不了本职工作。"

02

从 Coffee 的言语中，我感受到她深深的失望。实际上，要拓展副业，对任何人来说，都不是一件简单的事情，它对一个人的内心是巨大的考验。

因为并不是所有人都能像秋叶大叔和罗振宇一样，能成为副业超越主业的典范。针对 Coffee 的情况，我梳理了以下两个令她纠结的原因：

（1）以为做副业会很轻松，实际上却心力交瘁

Coffee 原本以为做副业很轻松，因为身边的朋友都做得很好。可是人和人是不一样的，很多事情自己不去尝试永远不知道是易是难。做副业就相当于开启一项新的职业，而新的职业要花费 1～2 年去学习和探索。而且，选择合适的副业非常关键，选择错误，只会让自己陷进泥潭。

（2）主业和副业难以平衡，无法兼顾

Coffee 对开展副业会遇到的各种困难估计不足。开展副业的初期一定会花费很多的时间和精力，而当主业和副业两辆马车同时驱动，人很容易超负荷运转，从而导致疲劳。这样，人的注意力就会分散，做事情无法专注，主业和副业就很难兼顾了。

03

拓展副业其实是一种职业发展的趋势，我们一般称为"双轨职业"。那么，怎样才能更好地发展副业呢？结合 Coffee 的案例，我们来探索解决方案，希望对想要拓展副业的朋友能有所帮助。

（1）增强自信，培养强大的内心

虽然在 DISC 性格测评中，Coffee 的完美型指数很高，但是通过深入的交流和探索，我发现她性格中的一个软肋，那就是不自信。而这种不自信来源于她的原生家庭——离异家庭。

内在的强大信念，对拓展副业来说，起到巨大的精神支柱的作用。我鼓励 Coffee 要相信自己，建立正向的心理反馈，适时给自己小额的奖励，激励自己不断前行。

（2）做好时间和目标管理

拓展副业，做得好是扩充自我，但是做不好的话，就是自我消耗。Coffee 之所以觉得精力不够，不能兼顾，主要原因之一就是没能做好时间和目标管理。我建议她在保证不影响主业的同时，做好碎片化的时间管理，将自己的目标拆解，转化为行动计划，充分利用碎片化的时间，循序渐进，实现精确的高效管理。

（3）精准定位副业，稳中求进

实际上，拓展副业，除了考虑兴趣因素外，还需要考量市场资源和自己的时间成本。Coffee 选择美术培训讲师作为副业，考虑得不太周全。一方面，前期她需要花费大量的时间和资金去学习多种绘画基础功；另一方面，她具有的与主业相关的能力无法迅速迁移。我建议她先把绘画作为业余爱好。

至于副业，我建议她利用主业可迁移的能力，如文案功底，和相关平台合作，为平台供稿。这既可以进一步增强自己的文案功底，还可以实现主业能力的迁移，不需要额外花费更多的精力，就能轻松发展副业。

以文案供稿作为副业，不仅可以实现稳定变现，更重要的是，当资金不断充裕后，Coffee 可针对自己的爱好进行充电学习，从而获得更大的发展空间。在主业和副业都稳定以后，依托绘画的爱好，在精力和时间充裕的前提下，她可以依据自己的实际情况，决定是否需要增加新的副业，但是要以不影响主业的发展为前提。

实际上，如果你的主业发展得很好，前景广阔，大可不必拓展副业。

当你已经不甘被目前的职业限制时，可以根据自己的天赋和能力，实现更多的职业发展可能，推动自己的职业生涯走向更广阔的空间。但你要记住，兴趣不一定能成为职业，只有当它成为一种能力时，才可以发展为职业。

如何从跨界副业开始，
突破困局，成就事业

有一次，我参加了一场企业家的聚会。聚会中，大家聊起当下的趋势，无一例外都提到一个词，那就是"跨界"。

随着互联网行业的冲击，各行各业都开始跳脱原有的框架，搭上互联网的快车，和不同形态的企业整合。而这使得社会对复合型人才的要求也越来越高，既要能与时俱进，又要具备互联网思维。

因此，现在有很多人拥有的不再是单一身份。有的人拥有一份主业，还根据自己的特长拓展了几份副业，比如自由讲师、营养师、翻译等。这让他们原本枯燥的人生，显得生机盎然。那么，要怎样通过拓展副业实现价值最大化，最终成就属于自己的事业呢？下面我们就结合 Angelina 的咨询案例，来看看如何解决这个问题。

01

Angelina，是一名"80 后"，即将成为二胎妈妈，考虑到家庭的关系，便转型到了亲子教育行业。但是转型之后，她却完全没了方向。

一见面，她就跟我说："赵老师，你好，我本是机构的一名项目经理，平时的工作性质就是全国各地四处奔波，洽谈商务合作。考虑到我马上要生第二胎，需要更多时间照顾和陪伴孩子，所以我就想转型。亲子教育是价值含量比较高的工作之一，这几年我对这一块一直很感兴趣，就想先把它作为副业，慢慢发展成主业，但是现在我不知道怎样去更好地拓展。"

我知道，她目前希望有一份可以兼顾事业和家庭的工作，但是面临一个全新的行业，她又手足无措。我试着问她："当你准备转型到亲子教育行业时，你思考过自己在这个行业扮演的是什么样的角色吗？"

她想了想，无奈地告诉我："这一点我倒没想过，只是觉得做亲子教育，时间上会比较自由，不用四处奔波，也可以照顾家庭。而且我之前考了相关的资格证。我一直感觉这个行业市场很大，但是现在却发现变现非常困难，不知道该怎么办。"

02

实际上，每个人在拓展副业时都会遇到各种各样的问题和困难，而想把副业发展成主业，最终实现转型，更是难上加难。交谈以后，我认真分析了 Angelina 目前面临的两大问题：

（1）摸不透市场，现实与想象有偏差

Angelina 之所以选择亲子教育行业，是因为觉得这个行业时间比较自由，市场很大，但到真正做起来后，才发现自己的想法有失偏颇。

拿时间自由来说，这就意味着前期要花费大量的时间去探索和实践，获得核心且不可替代的技能。

另外，现在的市场是趋于长尾理论的。长尾理论的核心，简而言之，就是聚沙成塔，创造市场规模。对整个市场来说，我们不可能都成为头部的强者，但是我们可以寻求新的细分市场。面向固定细分市场，开创个性化的经营模式，冲出重围，谋求发展。

（2）遭遇副业变现困局

Angelina 一再对我强调变现很困难，不知道该怎么做，但她却没有考虑为什么变现如此之难。实际上，副业之所以能变现，是因为能给人带来价值，这本质上是价值的交换。要实现最大限度变现，就要尽可能带给别人更大的价值。这和自己付出多少没有必然关系。

03

面对副业变现困局，到底应该怎么破局呢？我们通过分析和探索，找出了以下解决方法：

（1）重建内在安全感，大胆探索，增强底气

Angelina 进行了 DISC 性格测评，她的稳定型指数极高，但在和她的交谈过程中，我发现她虽然思路很清晰，却透露出一丝恐惧感。她对于安全感的需求非常强烈，一旦面对不可控的情况，就会滋生恐惧。与此同时，她的探索欲较低，这源于她的成长环境。幼年时父母的过多管控，使她丧失自己探索的本能，对未知有本能的抗拒。我鼓励她尝试接受可能失败的结果，放松心态，给自己时间去慢慢适应新的职业，通过学习和探索，增

强底气，建立安全感。

（2）做好专注管理，精进自我，打造专业性

Angelina 想亲子教育培训和咨询两手抓，但对于刚刚转型的她不太适合。我建议她先从培训入手，边做边学，专注做好学员培训，不断精进自己，实现能力的积累，创造新的优势。

要想进一步拓展副业，Angelina 必须走专业化路线，持续打造自己的专业性。除了正面管教的知识，她还需要学习心理学、教育学、演讲等专业知识和技能，全方位锻炼自己的能力，增加自身阅历。为此，我建议她做好终身学习的准备，通过时间的沉淀来打磨自己。

（3）准确定位拓展方向，突破副业发展之路

Angelina 的期望是通过自己的努力，渐渐把副业转为主业。但是她目前最大的问题是副业变现困难。这主要是因为，她现在的合作机构以免费合作为主，而由于这些机构本身也有亲子课程，她的课程的独特价值就无法体现。我建议她选择和亲子类的早教机构合作，最好选择暂时没有亲子教育课程的机构，从免费做起，做出属于自己的品牌，实现合作共赢。

总之，在副业的拓展之路上，变现不是一朝一夕可以实现的。当你的内功炉火纯青，你提供的价值可以承载他人的需求时，这种交换才会实现高价值变现。而要想实现突破性发展，必须夜以继日地付出努力，才能滴水石穿，最终将副业修炼成自己的事业。

面对情怀和金钱，
如何精准定位，理性创业

对职场人士来说，新的一年，就是一个新的起点。有的人在自己的工作岗位上继续坚持和奋斗；有的人厌倦了漂泊，开始选择自己熟悉的家乡；有的人则从家乡走向城市，准备开启新的征程。

还有一部分人，他们不满足自己的职业现状，试图自己掌控未来的命运，走向了创业之路。但是，就像下面我们要认识的 Tess 一样，创业之路并不都是一帆风顺的。

01

作为一名"80 后"，Tess 本来抱着一番激情开启创业之路，原以为自己可以在短期内事业有成，但是现实却是一片骨感。

她带着疑惑和无奈向我倾诉道："赵老师，我之前是小城市的一名高中英语教师，薪资不高不低，但是纷繁复杂的职称评比和枯燥重复的教学工作让我疲惫不堪。看到近几年英语教育备受重视，我就注册了英语培训机构，找了个繁华地段的店面，招聘了员工。但是一年以来，血本无归，我不知道是不是创业的方向出现了问题，还请您多多指教。"

对此，我帮她进行了分析。经过初步定位，发现教育行业非常适合她的个体特质：细心，有爱心。也就是说，她的创业方向没有错。我们知道，创业的成败要考虑的关键要素有很多，所以要从其他方面寻找原因。

她所选择的是学前英语教育，是目前市场上比较火的一种类别，需求量应该很大，但是结果却大相径庭，这里面一定有问题。我问道："从商业角度看，你觉得你所选的英语培训和其他的学前英语教育有什么区别呢？"

她想了想，回答我："目前我们代理了一套学前英语的系统培训项目，前期投入比较大，各方面培训都花了一定时间，所以筹备的时间较长。资金压力很大，再加上新产品的推广难度重重，虽有人报名，但是支出远远大于收入。现在我都想把店关了，但是真不甘心就这样结束了。"

02

通过进一步交谈和了解，我知道了 Tess 无奈和困顿背后的原因：

（1）全方位投资，导致负担过重

其实，对创业而言，投资是必不可少的。特别是对 Tess 选择的教育行业来说，前期师资和培训人才缺乏，更需要建立起完善的培训体系。然而，在创业初期，事务繁多，一定要选取重点的核心模块去抓，抓大放小，涉及产品相关的投资先投入，员工的招募和培训可以量力而行，等到渡过艰难阶段再针对性地加大投入力度即可。

（2）模式和品牌定位不准确，创业异常艰难

虽然学前英语教育市场很火爆，但是目前 Tess 选择的线下教育领域红利渐渐消退，线上外教以及智能机器教学已经异军突起。消费者基本都选择方便、性价比高的权威品牌，而 Tess 选择的品牌知名度很小，暂时无法看到未来的发展前景。要想扭转现状，必须重新定位，选择未来更朝阳同时自己更擅长的培训领域去做。

03

实际上，创业并不是简单地依赖风投和市场火爆度就可以成功，更多的是要立足当下自己所拥有的资源和优势，准确定位，循序渐进。为此，经过对 Tess 更深入的分析，我向她提出以下解决方案：

（1）建立强大的自我信念机制

结合 DISC 性格测评和对她的深度探索，我发现 Tess 的稳定型指数虽然很高，但是她性格中有较多的取悦他人成分。我们谈到她创业的动机时，她说除了职业束缚，还有一个原因就是希望获取父亲的认可。她来自高知家庭，她的童年充斥着父亲的斥责，她的每一次进步仅可以获取父亲有限的赞美。在记忆中，曾经一份 100 分的成绩单，换来了满满一盒的彩笔套装，让她高兴极了。但是高考时，她发挥失常，通过复读才勉强走进了师范院校，父亲渐渐对她从失望到冷漠，因此她希望通过创业重新换取父亲的肯定。

这种动机显然不够强大。我建议她慢慢走向自我肯定，建立强大的内在信念，即希望改变未来的自己。立足改变，才能让真实的自我从冰山下面浮出水面，决策也会更加精准。

（2）激发隐藏潜能，助力创业之路

在 Tess 的性格中暗含着执着的品质。创业维艰，即使选择了一条正确的道路，也需要走过最初的低潮期。其实，有很多创业者在低潮期就选择了逃跑，而 Tess 虽然想过放弃，但更希望实现逆转。我鼓励她激发自己的潜能，既然方向正确，就要坚定执着，勇敢地克服一切困难。

（3）明确精准定位，着力拓展品牌

Tess 希望我帮助她重新定位创业的方向。其实，面对创业同质化的问题，找准差异化才是逆袭的关键。

对 Tess 来说，她有着强大的资源优势，那就是她掌握着很多学科高中教师资源。据此，我建议她以高考冲刺集训为发展定位。这个领域是她擅长的领域，同时这个领域也有着很强的刚需。在提供冲刺集训的同时，还可以提供高考志愿填报指导和咨询服务，拓展专业范围，这样做在一定程度上可尽快缓解眼前的困境。

而从未来发展方向看，她创立的教育培训机构可以走出一条专门面对高三学子的教育之路，以"名师助你备战高考"为核心打造专业品牌。除了要提高升学率，更重要的是，要帮助学生在高压的环境下从容应对高考，以更好的状态备战高考。

总而言之，转型创业，一定要立足自己的优势资源，从自己擅长的领域入手，走出适合自己的差异化道路，由点到面，实现品牌的塑造。只有这样，才能以创业实现人生逆袭，走向发展。

创业初期，如何拓展渠道，打造品牌

综合多个职业咨询案例来看，咨询者面临职业瓶颈后，第一反应往往是：上班太辛苦，太不自由了，真想自己当老板。

有趣的是，反过来，有的创业咨询者面临发展瓶颈后，第一反应是：创业简直不是人做的，整天心力交瘁，真想回去上班。

创业到底是苦还是甜，只有亲身经历过的朋友才能体会个中滋味。下面我们就通过创业者 Simon 的曲折之路来探索解决创业过程中难题的方法，希望对你有所帮助。

01

初见时，Simon 一脸愁容，她说："赵老师，我原本是一家企业的财务总监，利用业余时间考取了营养师资格证。不久前，我辞了本职工作，和朋友一起开设了一家健康管理公司。但是这一年里，公司盈利情况很糟糕，我现在不知道该怎样做才能有转机。"

简单交谈后，我了解到 Simon 是一名"80 后"，从事营养健康事业一直是她内心的梦想。经过多年的学习和实践累积后，她从企业高管的职位跳出来，尝试着将爱好发展成了事业。Simon的公司以营养配餐和代餐产品为主业，但是经营一年来客户寥寥无几。虽然这类产品让很多人都感兴趣，但是变现却很困难。

我一开始以为创业方向有问题，但实际上，通过初步定位，健康行业确实非常适合 Simon 未来的发展：她性格温和，极富爱心，而且非常希望能够通过公司的运作，帮助更多个体健康起来。那么，现在出现困难，肯定还有其他原因。于是我问她："你们公司在这一年里，除了盈利模式外，出现目前的困局，你觉得还有什么其他的阻碍吗？"

她沉思了一会儿，说道："我是财务出身的，在数据分析上比较专业，但是这一点比较适合大企业。现阶段，我们公司更多的是关注现金流，目前只出不进。我朋友比较擅长 HR 管理，但他招募进来的营销人员工作进展不太顺利，整体短板应该还在营销渠道上吧。"

02

通过进一步了解和分析，最终我找到导致 Simon 的公司陷入困境的两点原因：

（1）综合管理能力不足，专业管理能力对初创企业帮助不大

此前，Simon 借助企业平台的资源，成为企业高管，成就了自己。但是创业后，她脱离了企业，自身的综合管理能力短板便显现出来。而她的专业管理能力，如统筹能力、分析能力等可迁移能力，将会成为创业后期的一笔宝贵财富，但是对创业初期的公司来说，帮助并不大。

（2）初创公司存在营销短板

Simon 的公司，目前在营销管理上体制和队伍都不够健全，营销推广力度不够，营销渠道狭窄，加上产品的同质化，发展很困难。目前来说，营销应该渐渐从硬广转为软广。而最根本的是，渠道铺设的前提必须是有差异化的产品，因为只有真正高质量的产品和定制化的产品服务，才可以赢得用户喜爱。

03

我们都知道，创业初期尽可能获取客户，实现盈利，是团队得以生存的最大基石。从 Simon 自身入手，我们进行了深入的探索，找出了脱离困境的方法。

（1）增强内心能量，释放真我

对 Simon 进行了 DISC 性格测评后，我发现她的稳定型指数很高，但是缺乏勇气。关于这一点，我们又进行了深入的交流，发现根源在于她的家庭成长环境。

Simon 是乖乖女，成绩优异，家境优越。作为家里的独女，她从小就受父母万般宠爱，学校和工作都是父母替她选的。很长一段时间里，她都习惯听从父母的安排，直至遇到她喜爱的营养学。她纠结了很久，最终第一次做出属于自己的选择。然而，面对新的领域，她还缺乏放下面子的勇气。她一度觉得客户会自动找上门，但是现实却不是这样，她需要去主动开拓客户资源。

其实，勇气不是天生的，当内心足够充盈的时候，内在能量就会涌现出来。对 Simon 来说，我建议她尝试做一些自己从未体验过的活动，如徒步旅行、正念冥想等，慢慢增强主动面对困境的勇气，累积内心能量，克服恐惧，找到真正的自己。

（2）转变思想，主动链接资源

在企业内工作，资源是企业提供的。然而就创业而言，谁也没有现成的资源等着自己。创业是需要主动获取资源的。我鼓励 Simon 在积聚内心能量后，转变思想，从被动慢慢变为主动，主动去链接资源，拓宽营销渠道，这样公司的发展才会有新的可能。

（3）明确细分领域，加大品牌打造力度

对 Simon 来说，面对产品趋同化现象，实行有竞争力的品牌策略才能赢得新一轮的转机。

营养类的产品涉及范围较广，各个层次都有相应的客户群体。首先，我建议她结合之前的资源优势寻找目标群体。显然，企业的中高层管理和高压群体是她最熟悉的群体，而安全、健康、包装精美是这个群体普遍的需求。那么，下一步就是根据目标群体打造出匹配的营养产品，推广品牌。经过分析，Simon 公司的细分市场就是只做白领的营养产品，同时我建议她加上精美的包装和品牌故事，这样会给产品带上温度。

最后，作为创始人，对 Simon 来说，个体的品牌打造非常关键。品牌演讲、品牌文字输出、与流量平台合作等，都能将公司品牌特性持续地传递给有需求的白领群体，并持续积累意向客户，慢慢实现转化。

　　实际上，创业不是自我陶醉，是一步步通过打通壁垒，走出一条创新的道路。市场这块蛋糕看似很大，其实很小。要创业，很多时候你需要从核心的一个点上出发，从点到面，打造具有核心竞争力的品牌，创业的道路才会更加平坦，公司的发展才会更长远。

拓展副业，
如何打造自己的个体品牌

随着互联网时代的兴起，双轨职业渐渐成为职业发展的新趋势，越来越多的职场精英在本职工作以外发挥自己的特长，打造属于自己的兴趣帝国。

如今，很多人都拥有了属于自己的个性标签，比如提到财经领域，我们就会想到吴晓波。他们的个体品牌已从一个核心领域慢慢渗透到更多的相关领域。这就是品牌的力量，看不见也摸不着，但是却在大众的心里树立了行业的权威。那么，普通大众应该怎样建立个体品牌呢？接下来，我们就通过来访者Coco的案例来寻找答案。

01

Coco一开始就显得很疲惫，她说："赵老师，我在一家广告公司从事视觉设计工作已经7个年头了。听起来名头还不错，可是平时的工作最多的对接对象是广告客户。很多时候，我觉得很优质的作品，客户并不满意，最后都被修改得一塌糊涂。我越来越感觉自己的审美特质和天赋都受到了压制。工作起来，返工和沟通的成本太高，我觉得自己遇到了瓶颈，成就感很低。现在，我想尝试着去做自己真正喜欢的事情，但是我不知道怎样开展。"

看得出，Coco 实际上很热爱自己的职业，但这份职业却压制了她的审美特质和天赋，这让她很痛苦。个人发展遭遇瓶颈，她很想改变现状。

我首先帮她进行了定位，发现她很适合艺术型的职业，也就是美术类的职业有利于她发挥潜能。但是拓展副业需要有一条明确的发展路线，于是我们进行了更为深入的探索。

Coco 的爱好比较广泛，包括音乐、旅游、绘画等，但是可以发挥她的核心竞争力的还是美术。据此，我们可以从主业做出剥离和细分。于是我问她："从美术的角度看，在行业内，你感觉你自己的作品有没有足够的知名度呢？"

她回答我，说："我之前参加过美术比赛，得过二等奖，也有一些美术圈内的朋友，水平应该是中游吧，还需要继续努力。要进行持之以恒的练习和深造，费用是很高的，我也在考虑要不要投资。对于副业，我希望通过它可以让自己得到更多人的肯定，也可以创造出好的作品，但是我现在就是不知道从哪个点切入。"

02

经过上述沟通和深入了解，就 Coco 面临的问题，我梳理了以下两点：

（1）不确定是否要投资进行深造

实际上，副业不能仅仅是爱好，作为一个全新的职业，必须将爱好变成专业，因此必要的投资不可少。专业度不仅是个人内功的见证，也是行业的敲门砖。

（2）不知道从什么方向切入，开展副业

对 Coco 来说，副业的选择是美术。但是美术的类别非常广泛，美术培训、画家等都可以作为一种选择方向。而 Coco 的特质比较沉稳，培训显然不太适合她。她可以从其他细分领域入手，比如可以考虑去做插画师等。

03

针对 Coco 的实际情况，结合性格分析和定位探索，要突破副业定位困局，她需要内外同步升级，破除自身的负面信念，专注地从细分领域，走出属于自己的独特路径。因此，就她的副业拓展之路和个体品牌创建，我向她提出以下建议：

（1）突破自我设限，激发潜能

虽然在 DISC 性格测评中，Coco 的稳定型指数很高，但是在和她的交谈过程中，我觉得她的性格中有很明显的胆怯和不自信。比如，我们讨论好可以从插画师的方向去考虑，可她总觉得自己肯定达不到标准。

一个人的潜能是无限的。Coco 的美术功底，是她的绝对优势。因此，我鼓励她克服内在的胆怯，激发她从未有过的自信，帮助她精准地选择她所开展副业的细分定位。

（2）做好自我管理，克服拖延症

经过深入探索，我发现 Coco 有很严重的拖延症。她虽然很喜欢美术，但是她把大把的空余时间都花在了其他琐事上。通常，时间用在哪里，改变就在哪里。所以，对 Coco 来说，做好自我管理，特别是时间管理格外重要。她当下更紧迫的事情是，把更多的时间花在美术的学习和深造上。

（3）明确定位，打造个体品牌

对 Coco 来说，目前最重要的是明确副业的主攻方向。思考之后，她最终决定把插画师作为首选。而插画的作品分类也很广，鉴于她很擅长卡通绘画，我建议她把副业发展的方向确定为儿童绘本插画。

根据 Coco 的特质，卡通插画师是她的最佳选择，为此她要自己做好经纪人角色。我建议她首先要学习国外最前沿的绘画技术，考取相关资质，不断打磨美术功底。当她的作品在小范围内获得认可后，就可以联系国内知名儿童书籍出版方，以插画师的名义加入新的圈子，塑造自己的品牌。

副业的拓展和品牌的创建不是一朝一夕就能完成的。当你选取了一个行业标签，就需要不断在你擅长的领域去精进，去做到极致。只有自己变得厉害了，才能让你身上的标签形成独特的品牌，才可以令自己的品牌产生更大的价值。

自主创业，
你不得不建立科学的经营管道

在一次学员交流会上，就自主创业问题，有学员问我："赵老师，刚开始开公司的时候，我觉得只要有好的产品，销路一定会大开。可是产品上线后却事与愿违，经营异常困难，我该怎么办呢？"也有学员问："创业以来，员工来来走走，要不断培训新员工，这对公司损失很大，该怎样更好地经营呢？"

实际上，这些问题归结起来就是一个问题：自主创业后，如何更好地经营管理公司？下面这位创业者 Anna 也遇到了类似问题，通过她的案例，我们来了解一下如何做好创业后的经营管理。

01

"赵老师，我原本是企业的一名培训主管。在做培训的过程中，我对研究纷繁复杂的人产生了浓厚的兴趣，于是进修了心理咨询课程，考取了资格证书。我做了近 3 年的业余咨询工作，从一年前开始，萌生了创立自有品牌的心理咨询机构的想法，希望就此可以打开事业蓝图。于是我投资了近 30 万元，没想到却打了水漂，接下来我不知道怎么办了。"跟我说这些的时候，Anna 显然已是一筹莫展。

我能理解她的心情，从企业培训主管转型到心理咨询行业进行创业，本来以为会一片光明，可是结果却事与愿违，这对她的确打击很大。

经过初步定位，Anna 的声音像和风细雨，思路也很清晰，其实咨询行业非常适合她。她的选择没有错，那么问题就只能出在怎样经营上，这是她眼前的拦路虎。

其实，培训领域和咨询领域看似是相关性很大的两个行业，但经营模式却有天壤之别。为了更深入地了解问题的关键，我问她："经营心理咨询机构和之前做培训，你觉得有哪些相关性呢？"

她想了好一会儿，说道："我觉得培训和咨询都是能够帮助他人的工作，而培训行业的对象可能更偏于企业，咨询行业的对象则主要来源于个体。相比起来，个体市场经营的难度应该更大一些吧。我目前的咨询业务范围主要是职场压力疏导。这方面市场份额很大，但是很明显，现在大家对我们机构的信任度还没有建立起来。"

02

显然，从 Anna 的表述中，我们可以看出她对自己现在面临困境的原因多多少少是有所觉察的，但理解得并不全面和透彻。对此，我帮她梳理了以下两点：

（1）在客户资源上，认识不全面

Anna 认为咨询行业的客户资源主要就是个体，其实这种理解并不正确。实际上，个体和企业只是看起来相差万里，它们都是潜在客源。因此，Anna 放弃企业客户的想法并不明智，因为经营好企业客户市场更能让她的美誉度明显增强。所以，她之前培训的课程依旧可以持续进行，一方面可以缓解她的资金压力，另一方面可以帮她孵化出更多的潜在客户。

（2）不清楚怎样建立客户信任

现在，心理咨询行业仍处于起步阶段。对 Anna 来说，她的机构刚成立不久，不可能马上赢得客户信任，这需要长期的累积。她只有通过实际案例输出，通过学员慢慢建立口碑，经过足够长的时间，才能建立起客户的信任。

03

创业易守业难，Anna 的心理咨询机构要突破困局，实现进一步发展，必须利用和整合跨界资源，以获取新的市场份额。因此，经过性格测评和深入探索，我向 Anna 提出如下解决问题的方法：

（1）卸下自我防御，重建信任关系，整合发展优势

通过 DISC 性格测评，我发现 Anna 的服从型指数很高，但是在深入探索后，我发现她的性格中还有较多的防御成分。这也影响到了她的职业生涯和创业。通过交谈，我了解到这和她的童年经历有关，她的每一次成长换来的都是她母亲的质疑。这种怀疑很明显地影响到她处理人际关系的方式，使她无法完全相信任何一个人，包括她的创业合作伙伴。而和创业合

作伙伴之间的信任度不足，势必影响公司的发展。

防御就像人与人之间的一副面具，表面看似相安无事，谈笑风生，但是对 Anna 来说，不能坦诚相待，也就换不来合作伙伴的坦诚相待，始终无法共进退。我建议她尝试卸下防御，学会信任别人，将信任的基石植入内心，对生命中重要的人敞开心扉，这样也许能获得不一样的体验。同时，在充分信任的基础上，Anna 要学会给予合作伙伴更多的空间和信任，这样她们的合作关系才会更持久更稳固。在这种稳固的关系中，才能更好地发挥所有人的力量，整合所有人的优势，为公司发展注入新的活力。

（2）整合各种优势资源，扩大行业影响力

对 Anna 的公司来说，当务之急是要整合人才资源，这就要结合她此前拥有的资源优势，挖掘优秀的咨询师资源。此外，她还需要整合企业客户资源，通过积累企业客户提高公司美誉度。还有最重要的一点，就是她要学会利用推广平台资源，通过增加公司曝光度，扩大行业影响力。

（3）加大管理力度，实现持续经营

站在发展的角度上看，作为创始者，除了做咨询师，Anna 更要学会做一个出色的管理者。我建议她学会放权，建立起有竞争的晋升机制，最大限度地留住优秀的咨询师和管理人才，从而让每一个员工充分发挥自己的价值，和企业共同成长，实现企业的持久经营和发展。

说真的，创业的经营之路充满艰辛，只有在不断动态变化的商业环境里，抓住商业契机，找到适合自己企业发展的核心道路，并不断修正，才能使企业的经营与时俱进，拓宽企业发展之路。

跨越式成长思维

PART 6

第6章

职业生涯停滞不前，关键是重新打磨内核力

不知不觉，我从事职业生涯顾问将近10个年头了。有朋友问我，为什么这么多年能坚持做这一件事。我想说，对我来说，这其实是内心的一场修炼。越修炼，我就越强大；越强大，我就越能坚持。

因为职业的性质，我接触的大部分人都是面临职业困境的职场人。一般来说，当他们面临发展停滞抑或重大的选择，内心纠结彷徨，期望未来有全新改变而找到我时，我会给予他们帮助，通过一步步引导，扫除他们职业发展中的障碍，这就是我的工作日常。所以，我的工作实质上就是为咨询者科学系统地指明方向，减少决策成本，摆脱迷茫和困顿。在这个过程中，我不仅需要有系统的心理学知识和职业生涯专业知识，也要结合企业职业生涯培训和多年累积的实践经验。此外，我还必须学会洞察商业趋势，只有这样才能具备前沿的真知灼见，也才能对职业生涯具有更深刻的理解。

因此，在我看来，一旦过了而立之年，如果发现你以往的技能渐渐用不上了，只能持续吃老本，而且似乎已经没有存量了，这往往就是职业生涯停滞的本源。在这个时候，你最需要做的是重新打磨自己的内核力。

打破迷茫，就要拥抱变化，展望未来

受 2020 年新冠疫情的影响，近期前来咨询的朋友也持续增加。面对当前停滞不前的职业状态，他们大多都很迷茫，而迷茫的本源，不外乎两点：一是不适应职业环境变化，二是对自身能力的持续提升不够重视。首先，我们先来看一则咨询案例，通过它，我们再一起思考脱离这种职业困境的根本方法。

01

Aaron，37 岁，大学毕业后，英语专业出身的他进入了一家知名的教育集团，连续工作了 10 年。10 年里，他从市场专员开始做起，一步步成为所在区域的市场总监。两年前，随着线上运营板块崛起，他所负责的项目渐渐缩水，让他意识到传统的线下市场渠道已经受限。后来，他的上面空降了一位市场部负责人，这让他觉得自己发展无望。于是一年前，在朋友的推荐下，他选择辞职并进入一家平台型公司。他本以为进去后，会有更好的发展，没想到却陷入困境。

他感慨地跟我说："从离开上一家公司开始，我从来没有想过我竟然再也回不去了……"

顿了一下，他继续说："来到这家公司，不仅薪资减半，而且工作性质和以前也有很大差异，我觉得非常吃力。其实我也想离开，可是像我这个年龄，还可以去哪里呢？房贷、车贷、教育费等，压力太大。最近我和妻子又生了第二胎，我更是不敢动了。可是我真的是心有不甘，我到底该怎么办呢？"说完，我看到他的眼眶湿润了。

02

听了 Aaron 的倾诉，我能感受到他的如履薄冰，而在进一步的交流和探索之后，我发现了造成他目前所处困境的两个最大的原因：

（1）对市场变化的觉察力不够，对职业环境的适应力不足

其实，随着时代变化，Aaron 所在的教育行业早已悄无声息地发生着改变。早年市场行情不错，企业发展进入快车道。但随着线上英语培训冲上赛道，传统推广模式遭到重创，企业要生存，就必须改革，首当其冲的就是企业架构调整。这些年，Aaron 除了日常管理工作，很少去了解行业和外界动态，没能提前预见市场变化，显然丧失了一定的竞争优势。

同时，之前在知名教育集团工作，借助企业平台，Aaron 从专员做到了总监。而现在他进了规模较小的公司，公司各方面的管理都不够规范，他的职位和薪资也发生了变化。对这些变化，他在很长一段时间内无法适应，内心产生巨大的心理落差。

（2）常年停留舒适区，缺乏主动学习的动力

对 Aaron 来说，多年来他一直在大公司工作，习惯了大公司提供的安逸环境，缺乏向外主动探索、提高自身素质的动力。等到变革后，他才发现自身的市场管理技能好像过时了，而对于新的技能还没有去全面地学习和掌握。

03

根据 Aaron 的情况，接下来我进行了深入的排查和诊断，对他的性格优势和能力优势进行了挖掘，最终我找到了他未来全新的发展道路，并明确了发展路径。

从性格上来说，Aaron 的性格过于柔和，缺乏魄力。而通过鼓励他回顾过往的成功事件，我发现他的逻辑思维能力和表达能力很强，并且他还有很强的人脉吸引力，他曾经的合作伙伴有很多仍和他保持着联系。这些恰恰是他自己没有察觉到的。根据这些多维度的探究结果，着眼未来的商业发展趋势，我帮他构建了属于他的职业发展交叉曲线，形成一个全新的事业方向——高管表达力顾问。管理者对上对下的沟通表达能力，在很大程度上影响着他们的晋升通道，他们迫切需要提升自身的表达能力和沟通能力。未来，这一需求会造就巨大的市场。

要走好这条路，我建议 Aaron 暂时不要放弃现在所从事的职业，同时要通过不断的针对性的学习，持续精进他的沟通能力和表达能力。另外，我帮助他形成了自己的一套差异化的表达风格和体系，同时建议他对自己目前掌握的资源进行整合，尝试和曾经合作过的企业进行再次合作，帮助他们

的管理者实现表达力的提升。

结合 Aaron 的案例以及近期的诸多相似案例，对于如何从根本上解决这类问题，我想要分享以下两点内容：

（1）拥抱变化，拓展自身技能，打破未来屏障

其实，每个人的职业生涯都不会一帆风顺，尤其是当行业利润下滑和生存面临困境的时候，瓶颈就会产生。

近年来，地产、互联网、传统金融行业的从业者不同程度地产生了变化，甚至我们曾经以为的"铁饭碗"也不再是每个人梦寐以求的第一选择。有很多人，他们曾经是企业的中高层管理者或是专业技术人员，经受行业冲击后，被迫转行，却好像处处碰壁，就像 Aaron。其实，真实的原因是他们不能接受和适应外界变化。

为什么曾经辉煌一时的地产巨头会出现行业缩水？为什么互联网的行业红利仿佛渐渐被蚕食？为什么传统金融行业也没了想象中的安逸？因为没有一个行业可以保持极度辉煌，一旦到达顶点，往往会出现泡沫，利润渐渐下滑，更会产生新的需求，只是很多人还未察觉。

比如，地产渐渐和互联网并行，部分地产公司已经开启了网络云卖房，不出户就可以看到全貌，还有更大的折扣。互联网的红利减少，但 5G 时代的到来将会大浪淘沙，催生新一轮的经济增长。传统金融将会和新零售结合，获取更多的发展可能。这些变化正在悄然发生，我们要做的只能是去拥抱它的到来，并努力去突破自己，拓展新的技能。

（2）放眼未来，吃透行业本质，告别浅尝辄止

到访的咨询者中，不乏这样一些人，他们不管从事任何行业，都是浅尝辄止，似乎什么都精通，但是当问到内核时，他们却欲言又止。对他们来说，最大的问题是忽略了一点，那就是：最后有所建树的人，往往是吃透行业的本质，并且看到未来，为未来储备力量的人。

　　未来想要突破，很多时候我们改变不了外部的环境，唯一能做的就是打破内在，拥抱变化，着眼未来，这样才会塑造全新的自己。

重塑价值观，
要从学会归零开始

现实生活中，随着岁月流逝，我们总要面对这样一个真相：不管你曾经多么努力，即使身居高位，最终还是会归于平凡。然而，在这个略显浮躁的时代，价值观渐渐发生改变，有些人觉得成功就是住得起好房，开得起好车，并持续风光下去。可是面对时代浪潮，他们却开始迷失。

其实，平凡不是最可怕的，可怕的是接受低谷期的平庸，让恐惧成为未来发展的绊脚石。那么，面对不断变革的时代，我们应该如何应对呢？下面我们就一起来聊一聊如何重塑价值观。

01

一天，Pearl 找到我，希望我帮她明确未来的发展方向。

Pearl，36 岁，在一家汽车行业的外企担任高级猎头经理。可是近半年来，受行业的经济下滑趋势影响，大部分汽车外企开始裁员，对于高级人才的需求量也渐渐下滑。因此，她萌生了创业的想法，可是一片迷茫。

她告诉我："前两年的时候，我主要面对 500 强的外企选拔高端的职业经理人，每年基本年薪是 50 万～ 60 万元。同时培养一批刚入行的猎头新人，虽然辛苦，但是感觉很有成就感。但是近期人才需求量下滑，我们的薪水也大幅度缩水，我们团队已经陆续有很多人转行了。也有一些朋友建议我去民企当招聘经理，但是不管薪水还是级别，和我之前的完全不可比，而且我也担心被同行笑话。所以我想创业，可是没方向，该怎么办？"

我可以感受到她现在面临着巨大的价值观冲突，拥有非常光鲜的过往，无法接受眼前的落差，陷进了选择的焦虑之中。

02

经过系统的探究后，我对 Pearl 的过往职业轨迹和新职业方向进行了深入的探索，发现她的困惑主要不是因为定位，而是因为适应力。针对这一问题，我向她提出以下建议，希望这些建议对于有类似困惑的你也有所启发。

（1）修炼归零力

Pearl 告诉我，她非常希望可以通过创业改变行业的现状，同时实现自己的价值。这本来无可厚非，但是盘点创业的多个要素后，我发现她除了沟通能力很强以外，几乎没有其余的优势。其实她的想法很好，可是尚需时日。于是我告诉她："其实创业不是你的本意，你更多的是想证明你可以持续向上发展。但是每个人的发展，其实和经济周期类似，有兴盛也会有衰落。如果我们不顾现实条件，跑得过快，反而是欲速而不达。所以，你要慢慢尝试放平心态，撬动一个新的起点，才能开始新的飞跃。"

听了我的话，她点了点头。其实巨大的心理落差不是一天可以减少的。我接着鼓励她通过疗愈，慢慢清空曾经的执念，让自己的心态恢复为空杯，去重新接纳更多的全新的东西。因为，只有当她慢慢开始有归零力，才会有更大的空间去改变，未来也才会渐渐有所改观。

（2）提升跨界力

Pearl 告诉我，虽然她的职位看上去很光鲜，但是她所接触的圈层其实非常狭小，对其他的行业基本没有接触和联系。

显然，现在 Pearl 身处困局，根本无法理性地看待很多事情。因此，我建议她运用缩小镜思维，尝试用缩小镜看自己，看周围，看世界。这样就能够看清楚事物背后的原因，看透整体的发展趋势。

我告诉 Pearl："再大的事业，其实都是从小处开始的。要学会慢慢累积，多和行业的上下游接触，寻找相关联的交叉行业去入手。"实际上，这就需要她增强自己的跨界力。

那么，关于跨界的方向这个问题，我提供给 Pearl 几个指导性的方向：

· 除了汽车行业，未来 3 ～ 5 年有没有其他的朝阳行业？

· 猎头行业的上游和下游分别是什么？

· 个人职业发展是否还有新的可能性？

我相信，当她持续地发问，慢慢去深思，渐渐就会有全新的思路。

其实，我们每个人都需要进行更多能力的修炼。每个个体的发展都会遇到很多阻碍，这受多方面因素的影响。但是，我们只要一个个去疏通，慢慢突破，我们的职业发展道路就会越来越广阔。

所以，有的人高开低走，根源是世界在改变，而他却没变。殊不知，我们要做的往往就是先改变自己，当自己渐渐改变，世界都会为我们开路。

作家周国平先生说："人生有三次成长：一是发现自己不再是世界的中心的时候；二是发现再怎么努力也无能为力的时候；三是接受自己的平凡并去享受平凡的时候。"我想说的是，不管你处于哪一个阶段，你可以接受心态的平凡，但是不要接受平庸。以平凡的心态去成就不平凡的自己，你才会从内到外实现蜕变。

心力交瘁的你，如何修炼洞察力，突破管理困境

一次和朋友聚会，有一位高管朋友向我诉苦："我现在每年顶着 1000 万的指标，每天基本都是连轴转，睡眠都不超过 5 小时。辛苦倒还好，关键是公司里那个刘总一天到晚和我对着干，还经常告状，真让人受不了。还是以前当小职员好，啥也不用担心，只要安心工作就行。"

这场景是不是很熟悉呢？有时候你的职位越高，反而会感觉更加心累，因为你需要关注的事情会更多。除了工作本身，向上需要洞察老板的想法，向下要激励团队，而一旦稍微不慎，还会被扣上莫须有的"罪名"，职位岌岌可危。

因此，对身处高位的人来说，职位越高，越需要修炼的就是洞察力。下面结合 Mark 的咨询案例，我跟大家分享一下如何修炼洞察力，突破管理困境。

01

Mark，37 岁，是一家互联网公司的高级运营经理。近半年来，他深陷管理困境，纠结不已。原因是他陷入了公司复杂的

内部斗争，老板渐渐对他失去信任，他感觉自己渐渐被边缘化。

Mark 跟我说："我现在是公司的老员工，工作快 8 年了。由于工作比较踏实，半年前被提拔为高级经理。刚开始的时候氛围还不错，可是后来空降了一位运营总监，他处处针对我，经常越过我，对我的团队发号施令。而且，自从他来了以后，我感觉老板也越来越不信任我，反而对他格外信任。我现在感觉自己已经被忽略了，再这样下去，我一点儿存在感都没了，该怎么办呢？"

显然，Mark 在晋升以后，没能处理好各方面的关系，而这已经严重影响到他未来的发展。他必须寻求解决之法。

02

当我仔细分析了 Mark 的现状以后，我发现他要解决的问题不单是如何获得存在感，他更需要解决的问题是怎样提高自己的洞察力。为此，结合他的实际情况，我向他提出了以下两点解决之法：

（1）向上，学会洞察上级想法，主动改变

Mark 多次抱怨，他的上司经常越级，动不动就和他的下属单独沟通，完全不把他放在眼里。我建议他换一个角度去想一想，或许会发现他现在所想的并不是真相。我建议他思考两个问题：一是身为他所在团队的领导，他对工作的分配是否合理；二是他的工作有没有让他的上司放心。

接下来，我通过 Mark 对他的上司进行了深入的了解。通过 Mark 的描述，我发现他的上司有完美主义情结，特别在乎细节，他要求团队每周、每月都提交详细的工作报告。但是，Mark 对下属的工作更加强调效果，对

于形式并不太介意，于是他们形成了强大的反差。在工作中，Mark 经常忽略上司的要求，不能及时提交报告。

在了解了 Mark 上司的性格以后，我建议他以后要主动去洞察上司关心和聚焦的点是什么。我告诉 Mark："首先你要洞察他的关注点。他的控制欲很强，是非常明显的大红色性格（大红色性格，是美国泰勒·哈特曼博士提出来的，他把众多的性格归入红、蓝、白、黄四种颜色，指出红色性格是权力的挥舞者），当你没有去配合他完成工作，他就会抓狂。所以首先你要去关注他所关注的。持续一段时间后，他就会渐渐对你放心，像越级管理这种现象，就会有所改观。"

（2）向下，保持距离，规范工作关系

Mark 告诉我，虽然他是团队的经理，但是由于来公司多年，群众基础很好，他和下属都是称兄道弟，关系很不错。很明显，在工作中，Mark 没能处理好和下属之间的关系。因为大家太熟悉，当下属对工作敷衍的时候，他往往因所谓的"兄弟关系"就不责罚他们，而这就使得他的工作得不到上级的肯定。

因此，我给 Mark 打了个比方：两个人爱得太深了，缺点和毛病都了解了，往往会因"不虞之隙"，导致分手或决裂。领导和员工的关系也是一样，私下可以有朋友感情，但在工作中必须保持一种严格的上下级关系，关键是拿捏好"度"。作为领导，在工作中，要和下属保持适当距离，如果跟亲兄弟一样，反而不利于工作。

其实，在职场中，有时候所谓的"内斗"，就是人心的斗争。当学会洞察人性，充分处理好工作中的上下关系，我们一定能走出管理困境，职场之路也必将越走越远。

不畏挑战，规划未来，
你要修炼远见力

2020 年，受新冠疫情影响，很多企业不得不开启了延时开工以及远程办公的模式，但是对于一些传统行业的中小经营者，现金流的缺失，无疑是雪上加霜。

在疫情这个非常时期，线下传统影院受到了挑战。花费巨资辛苦筹备拍摄的影院贺岁片《囧妈》的导演徐峥，考虑大部分观众居家隔离，于是选择在全国免费投放。但是《囧妈》在网络免费播放的举措不仅没有赔本，还让徐峥公司股价大幅上涨，让他在一天之内赚了20亿元，并使徐峥的知名度和口碑大大提升。在此期间，旅游业、零售业、餐饮业也开始谋划未来，渐渐开启全新的升级模式。

对于我们普通人来说，在非常时期，更需要修炼的是远见力。接下来，我想通过创业者 Cassiel 的咨询案例，和大家分享一下如何修炼远见力。

01

Cassiel是一位教育行业的创业者。她目前自营儿童兴趣培训班，有多家店面需要统筹管理。因为疫情期间无法开工，有大批家长退款，加上店面租金、员工薪水以及新生源缺失等因素，她陷入了窘境。

Cassiel 告诉我："2019 年下半年店面开始扩充，线下的老师以及员工都已经配备齐全。本来想过年新店面可以获得更多的生源，可因为疫情完全打了水漂。现在销售人员没复工，几乎就没有生源。但是成本有增无减，我现在是天天睡不着觉，感觉快经营不下去了，该怎么办？"

02

显而易见，现金流的问题使 Cassiel 遭遇巨大的困境，她需要寻找全新的运营模式撬动现金流，尽快摆脱资金的压力，使店面正常运转。于是，我们开启了深层次的评估和排查。

经过系统的探究，我发现她现在开设的培训课程非常零散，几乎囊括了儿童培训的各个领域，就像一个巨大的教学平台。而关于未来 3 年公司的定位和经营发展问题，Cassiel 并没有明确的规划，这显然是个大问题。因此，我向她提出了两点管理建议。

（1）实行单点经营，避开同质化，打造特色课程

Cassiel 告诉我，由于她提供的课程较全，所以 2019 年有半年时间生源相对稳定。但是，后来生源就渐渐流失，对此她也很疑惑。

通过进一步交谈，我了解到她的经营理念是追求规模化，她觉得开设的店面越多，提供的选择越多，越受学员欢迎。可她没想到的是，正因如此，她的培训机构没有特色化课程，教学的专业度和深度也都相对欠缺。

为此，我建议她重新盘点所有的培训课程，寻求一项特色课程，也就是行业内目前没有同质化的课程，将其打造成金牌课程，吸引资金流入。同时，从规模化经营切换到单点经营，关闭闲置的店面，减少资金支出，等待时机再开设。

（2）抓住机遇，实行线上线下双轨经营

Cassiel 跟我说，实体店面的房租成本和员工薪水实在太高，平均一个月开销不下 10 万元。而 2020 年新冠疫情导致的延迟开工和低迷的市场环境，让她可能有近 30 万元投入将付诸东流。

听了 Cassiel 的话，我发现她忽略了一个问题，那就是大家都居家隔离，或许在家学习新知识新技能正是一个消磨时间的极佳选择。

我告诉 Cassiel，孩子们都居家隔离，课外线上学习显然成为刚需。我建议她开启线上教育、线下体验的教学方式，推出线上培训课程，同时在店内加设单独的教学直播间，持续运营。这样既可以提升教学效率，又能增加教学收入，缓解资金的压力。

其实，对 Cassiel 来说，需要改变的远远不止这些，因为企业的经营就是一场没有硝烟的战争，有太多的不确定因素，实际的经营环节还会出现更多的阻碍。只有当你看透本质，从表象开始进行层层分析，找到症结，打开突破口，才会有更加美好的未来。

职场中如履薄冰的你，应如何修炼平衡力

你们身边有没有这样的朋友：他们智商超群，头脑非常聪明，似乎任何学习任务，对他们来说，都是小菜一碟。可是，他们的性格比较木讷，想要靠近他们的内心，几乎比登天还难。

多年的经验告诉我，他们的内心无人知晓，除了性格的缘故，还有一部分原因就是他们期待获得更多的认可，患得患失，从而内心的需求渐渐被压抑。

在职场中，他们尽管拥有让人艳羡的职位，但是他们的内心依旧无法获得成就感，他们不停地跟自己较劲，内心产生失衡，渐渐导致职业生涯走向滑坡，就像接下来的来访者 Alma 一样。接下来，我们就一起走进她的故事，帮她寻找解决问题的方案。

01

Alma，36 岁，8 年前研究生毕业，现在是三线城市的一家企业的办公室主任，工作稳定安逸。可是近半年她想要离开现在的企业，这其中有着不为人知的隐情。

面对我，Alma无助地说："赵老师，我有点儿敏感和胆怯。刚开始我工作非常积极，各方面工作都很不错，可是后来由于不善于沟通，得罪了领导。从那以后，我小心谨慎地工作，但是仍然感觉受到排挤。这让我一度抑郁，感觉上班度日如年，对工作的热情一点点被磨灭了。我现在真想辞职，可是又不知道辞职后能做什么。"

02

在交谈中，我深深感受到Alma被排挤的痛苦，想要发展，却被紧箍咒给压住，于是我们进行了系统的排查和分析，梳理出问题的源头。

（1）内心悲观，极度渴望温暖

通过深入探索，我了解到了Alma的原生家庭和她的成长经历，发现这对她的性格产生了重大的影响。

她从小和母亲生活在爷爷家。她的爷爷很强势，幼小的她不得不从小就学会察言观色。在相对压抑和迁就的成长环境中，幼时的她不自觉地习惯讨好别人。在和别人相处时，内心极度渴望温暖的她总是付出更多一些，希望获得相应的关爱。由于缺乏积极的引导，这一切使她对世界的看法比较悲观。

（2）生活和工作双重打击，内心挫败感加剧

原生家庭的负面影响只是一部分。后来，她的家庭发生变故，让她备受打击。小时候，她和父亲关系很好，可一场车祸导致她父亲突然离世，这让她很长时间都无法接受。加上工作的不顺，她内心的挫败感急剧增加，

让她感觉自己一无是处。

03

经过上述了解，很明显，她现在的困境，不是单纯的定位困惑，而是要从性格层面出发，激发其内心的动力，寻求内心的平衡感，恢复信心，进而确定未来的方向。

根据她的成长特殊性，我给她定制了详细的方案，进行了为期一年的咨询和辅导，同时告诉她要从两个方向去努力：

（1）规避性格弱点，重塑自信

Alma 曾有抑郁的倾向。我告诉她，很多时候，我们不能和自己太较劲，要学着规避性格里的弱点，克服悲观、胆怯心理，对任何事情都不要过度敏感，同时要挖掘自己隐藏的优点，重塑对自己、对未来的信心。要记住，每个个体都是独一无二的。

（2）梳理职业优势，弥补沟通短板，明确定位

在工作中，沟通是很重要的。但是对 Alma 来说，更重要的一个前提是，梳理自己的优势是什么，未来有没有一生想要从事的事业。我建议她通过一系列方法弥补沟通的短板，同时思考和明确什么方向才是正确的选择。

当然，对 Alma 而言，骨子里的性格模式很难迅速改变。她需要时间慢慢疗愈内心的痛苦，并深入挖掘自身优势，建立正向的与人相处的模式。同时要朝着未来的方向，一步步练习，一步步行动，才会看到曙光。

迎合时代演变，
你必须修炼适应力

这个时代，是突飞猛进的时代，其发展速度之快超乎我们的想象。身处这样的时代，如果不与时俱进，不跟着时代发展变化，等待我们的只能是被淘汰。为此，在职场中打拼的我们，必须学会提高适应力。什么是适应力呢？就是我们改变自我、适应环境变化的能力。

最近，我对来访者 Dean 进行后续支持服务。我们先简单了解一下他当初找到我做咨询时的情况。

当时，他告诉我，研究生毕业后，他就通过重重关卡进入了一家生物科技研究所从事检测员工作。一晃 10 年过去了，他身边的同事有的晋升了，有的换了科室，唯独他一个人一直在一个岗位打转，多年的发展停滞令他苦不堪言。

后来，在了解了他的基本情况以后，经过初步的探索，我们共同探讨出了一条交叉型的职业发展之路，并且准备后续一步步从内部和外部扫除发展障碍。

在这里，我想说的是，我当时发现 Dean 多年无法前行的最大障碍其实是他的内部动力很弱。他有很严重的拖延症，想要多去学习，可是每次就是动不起来。根据他的特质，我建议他首先从内部打通，从自我改变开始。

而下面我想和大家分享的就是，如何才能快速改变，以及影响适应力的内部底层逻辑是什么。这也是我之所以提到 Dean 的原因，希望通过以下分享，你也能有所启发。

在我看来，影响我们适应力的三个内部要素是梦想、恐惧和内驱力。接下来，我们就分别来看一看这三个要素是如何作用的。

（1）梦想

可能有很多朋友觉得"梦想"这个词简直是太虚幻了，跟自己相隔十万八千里，但是我想说，它其实就在你身边。

曾有一位来访者 Mica，晋升到管理岗位后却面临职业危机。经过深入的探索，我发现她的优势并不是内部管理，她其实是被管理耽误的一位漫画师。她喜欢沉浸在自己的小天地里，用画笔勾勒自己的创意，而且她的脑洞很大，创意很独特。当梦想蓝图渐渐呈现出来以后，她就开始了积极改变，朝着治愈系漫画师的方向不懈努力。这就是梦想的力量。

当然，梦想发挥作用的前提是你要找到它。而当你充分挖掘你的优势时，你的梦想自然会呈现出来。

（2）恐惧

有很多朋友非常讨厌恐惧，是因为恐惧会让人陷入一片混沌。殊不知，适度的恐惧，却能成为改变的动力。

比如，曾经的来访者 Anthony，在进行深入的分析以后，他准备成立学习型读书会。但是，他却觉得自身性格很内向，根本不能在公众面前进行演讲，内心对此很恐惧。后来，我鼓励他学会真诚地表达自己真实的想法，演讲时专注于讲述故事和对未来的想法。他必须换一种思考模式，如果不改变内向的性格，他就永远实现不了自己的发展目标。只有迈出这第一步，他向往的一切才会成为可能。就这样，这种"恐惧"促使他走向了成功。他不仅成功举办了第一场读书分享会，后来在一定范围内还成了这一类读书会的引导者。

别让恐惧把自己淹没，换个方向思考，也许它就能让你的未来拥有更多的可能性。

（3）内驱力

如果光有梦想和恐惧，没有自我驱动，那么往往也会前功尽弃。而拥有内驱力的内核是什么呢？其实就是内在需要，一个人有需要，才会有动力，有行动，有坚持，有习惯。

打个比方，我身边有位朋友，常年坚持早起，每天早晨都坚持读书和复盘，你猜3年后发生了什么？他的读书笔记在互联网平台发布后，获得了网友广泛的关注和喜爱，他因此成为拆书领域极富影响力的人。

为什么一项爱好也会发展成为他的核心技能呢？那是因为他渴望学习、喜欢分享的特质。他希望自己成为知识丰富的个体，正是这个内求推动他坚持下来，并因此有了意外收获。

我们生活在当今这个迅速发展变化的时代，唯有主动、积极改变，才能避免停留在原地，而改变来自梦想、恐惧和内驱力三者的联合作用。当你缺少梦想，你会缺少强大的精神动力；缺少恐惧，你会毫无目的性；缺少内驱力，你会半途而废。在此，我希望未来的你依托梦想的翅膀，不断修炼适应力，成为更好的自己。

跨越式成长思维

PART 7

第7章

**未来的路口，
你想要得到什么？**

通过多年的打拼，你或许在事业上获得了价值感和成就感，但是人生的幸福远远不止事业和财富，它是家庭、身心健康、自我成长等的平衡，最终达到自我实现。

实际上，我们每个人由于生存环境、教育背景、成长经历等差异，真正想得到的东西也有较大的差异。有的人希望有更多的时间陪伴家人，有的人期待获得心灵的富足，有的人则渴望获得人生的价值。那么现在的你，在未来的路口，最想得到的又是什么呢？

事业和家庭，
应如何保持两者平衡

作为一名女性创业者，在一次学员交流会上，提到女性职业发展的问题时，有学员问我："您平时忙于事业，怎么有额外的时间照顾家庭呢？您是怎么获得家庭支持的呢？"

确实，对于女性来说，想要获取事业的成功，一定要比男性付出更多的时间和精力。但即便如此，近几年，随着互联网经济的发展，越来越多的女性开始崛起，走向了创业之路。其中，有的人在某一个领域成了行业专家，有的人则积累多年的宝贵行业经验，开创了自己的事业蓝图。

女性开创事业之所以很艰难，是因为我们还有另外三个非常重要的角色需要去平衡，那就是要做好一名母亲、一名妻子、一名女儿。当一名女性同时兼顾四重角色的变换，对自己的内心绝对是一个强大的考验。下面我就和大家聊一聊一位女强人的心路历程。

01

Angel，在一家知名互联网企业，从市场营销做起，依靠自己的努力，一步步提升，成为集团公司的营销总监。由于业绩突出，她被委派到分公司负责新产品的市场拓展, 成为分公司的一把手。

她跟我说: "赵老师, 我最近刚被提拔为分公司的总负责人。刚开始, 我觉得自己终于奋斗到金字塔的顶端, 很有成就感。但是由于分公司刚成立, 又面临一块全新的市场, 在公司筹备和营销运营管理中, 我不得不花费大量的时间和精力。正是因为这样, 家庭矛盾就出现了。我和我爱人开始不断争吵, 孩子跟我的关系也有点儿疏远, 我感觉特别内疚和难过。我该怎么办呢?"她的语气里满是无奈和悲伤。

她告诉我, 他们现在和婆婆生活在一起, 有个爱她的老公和可爱的女儿, 本应该是幸福的小家庭。婆婆负责打理家庭日常生活, 她和爱人负责赚钱养家。于是, 我问她: "你的家庭成员对你事业的看法, 过去和现在有什么不同呢?"

她想了想, 缓缓说道: "在女儿出生之前, 我和我老公各自打拼, 他的工作属于体制内工作, 安稳舒适, 而且他也非常支持我的工作。通过努力, 我们在上海买了房买了车。但是女儿出生后, 婆婆来到了我们家, 发生了巨大的变化。她对我的事业非常不理解, 老公也渐渐被她影响。他们开始不支持我的工作, 尤其是因为加班回家晚了以后, 他们就会问, 到底是他们重要还是我的工作重要。因筹备新公司, 我变得更忙了, 老公也开始指责我, 说我的心里最爱的是工作, 根本没有这个家。最令我伤心的是, 我的女儿有一天问我: '妈妈, 你还爱我吗? 为什么我总是看不到你, 你也不陪我?'我感觉现在家里只有冰冷, 没有温暖。我只是想让家人过得更好, 难道我真的错了吗?"

02

从 Angel 的言语中，我感受到她满满的委屈和无奈。我也能深深体会到她想要实现事业和家庭平衡的渴望。根据她的实际情况，我梳理了三个她迫切需要解决的纠结点：

（1）赢得婆婆对事业的支持

在老一辈女性的眼中，干事业是男性应该承担的职责，女性理所当然要将天平更多地偏向家庭。女性的事业心过强，往往被认为不务正业，不顾及家庭。因此，作为现代女性，Angel 与婆婆的动态沟通显得尤为重要。

（2）争取伴侣对事业的理解

家庭中，夫妻双方既是伴侣，同时也是彼此发展事业的强力后盾。但是，往往当女性发展过快，男性原本的自尊心就受到打击。时间一长，夫妻双方缺少语言的沟通，就会极大地影响夫妻感情的稳固。有时候，男性的不理解甚至会渐渐上升为语言暴力，最终导致夫妻之间发生争吵。

（3）让女儿理解自己的工作和对她的爱

Angel 的女儿已经到了需要教育陪伴的年龄。假如她不知道妈妈为什么一直不在身边陪伴，身体距离就会影响心理距离。随着时间的推移，她会将对妈妈的爱深藏心底，母女关系会渐渐疏离。

03

要实现事业和家庭之间的平衡，不能急于求成，也没有速决之法。结合对 Angel 内外双向的深入探索，我们共同找出了解决问题的适合之法。

（1）转变思想，愉悦接纳真我，主动关爱家人

在 DISC 性格测评中，Angel 的谨慎型指数很高。为什么会这样呢?在和 Angel 进行更深层次的交流后，我发现了根源。

Angel 看似很坚强，但事实并非如此。她告诉我，她的父亲是一个企业家，从小就对她要求非常严格，总是让她不停地学习，一旦出错就严厉斥责她，这就造就了她谨小慎微的性格底色。Angel 因此被剥夺了本应该欢乐的童年，她必须用优秀的成绩单才能换取父亲的奖励。慢慢地，她与父亲的关系也更加恶化。成年后，她想要变得优秀，更多的是为了向父亲证明自己。但是有了自己的家庭后，Angel 发现她还是无力改变。她越优秀，换来的却是家人更多的指责。

Angel 自小被贴上优秀的标签，追求优秀已经成为她的习惯。而父亲的鞭策也仿佛一直在她的背后推着她往前走，她活成了父亲的影子。为此，我建议她去尝试着与父亲和解，放下优秀的包袱，由"我必须"转变为"我想"，接纳现在的自己，无关职位，只求内心的平和。同时，她也要慢慢放下使劲拼的想法，开始关爱自己的婆婆、丈夫和女儿，让她从小缺失的关爱在自己的小家里慢慢得以弥补，让爱自然流动。

（2）提高领导力和影响力，学会放权，为自己减压

在之前的职业生涯中，Angel 遭遇过两次团队伙伴的背叛，这让她开始给自己包裹上厚厚的外壳。在之后的管理中，她变得无法相信公司的任何一个人，更愿意相信自己的直觉。所以，在公司的所有事情上，她大部分都是亲力亲为，每一个流程她都要一一过目，使得她把时间过多地消耗在一些本不属于她工作范畴的事务上。

职场就是战场，因利益的关系遭遇背叛，其实很正常。我告诉

Angel，随着阅历的增加和管理能力的提升，一旦上升到高层管理者，对专业能力的需求将渐渐降价，取而代之的是领导力和影响力，尤其是对人的把控力。我建议她主动放权，发挥每一个成员的价值，这样团队才会更加齐心，未来之路也会越来越顺畅。同时，为自己减压，她也能有更多的时间照顾家庭，实现平衡。

实际上，家庭和事业的平衡正如左手和右手的关系，血肉相连。两者失衡导致的困境是众多有梦想的女性必须面对的。面对这个困境，有的人因外界评价，选择放弃事业，照顾家庭；有的人孤军奋战，选择放弃家庭，追求事业。女性只有在不同的发展阶段，采取不同的方法，找到保持平衡的关键点，才能避开失衡的雷区，实现两者的完美兼顾，做更加充盈幸福的自己。

事业 PK 健康，
继续拼搏还是忍痛放弃

一次，在浏览新闻时，一则消息让我心痛不已：某知名企业一名 37 岁的工程师，在长达 22 个月的海外高负荷工作后，最终离开了自己亲爱的家人。

在大都市打拼，熬夜加班的现象很普遍，尤其是在北上广一线城市，渐渐成为主流。这是因为随着经济环境的改变，很多企业的经济效益渐趋下滑，与企业的年度目标差距越来越大。为了提升经济效益，企业核心成员只能在工作上花费更多的时间和精力。

据不完全统计，中国每年猝死人口高达 50 多万。特别是近年，大公司裁员的消息不断。为了不被公司淘汰，守住自己的工作，很多人长期处于焦虑之下，熬夜加班更是常态。

熬夜加班现象，有的是企业内部文化所致，有的是项目负荷量过重所致。然而，我们都清楚，健康是一切事业的基石。那么，当事业与健康产生碰撞，我们该怎样选择呢？下面我们要认识的 Lizzy 就遇到这一问题，我帮她实现突破的方法，希望对你也有所帮助。

01

Lizzy，"80后"，原本从事的是教师工作，为了自己内心的梦想，开创了自有的亲子教育品牌。短短两年时间，她开设了4家连锁店，但是支出远远大于收益。她的身体也渐渐出现了过度疲劳的状况，但是她却不敢停下脚步。

Lizzy无奈地跟我说："赵老师，我放弃了相对稳定的英语教师的工作，走上了亲子教育行业的创业之路。创业以来，从筹备机构到内部管理，再到招生推广，虽然获得一部分收益，但是却无法满足庞大的成本开支。这个行业基本没有双休，随着课程的增加，我感觉心力交瘁。不久前，我得了胃出血，刚做了胃部手术，瘦了近20斤。我的健康已经出现了问题，可是我又不能停下来，那么多的员工等着我发工资，我不知道我该怎么办了。"

沟通中，我发现她非常热爱她所在的行业。我问她："你已经创业两年了，你觉得创业后自己和以前有哪些不一样呢？"

她低下头，深思了几秒，回答我说："创业前，我的职业非常单纯，我可以安安稳稳做到退休。可是我感觉自己在工作中已经毫无激情，我真的是厌倦了那种工作状态。而创业以后，我发现我的角色开始发生变化，很多人都觉得我只要每个月收钱就行，但是其实开设新店，打开市场，我基本都跑在前面。教务管理、教师管理、运营管理、策划管理等，每一个模块我都需要把好关。现在的'90后'员工离职率很高，稍微加班马上就跑了，只有我不能跑。我感觉心力交瘁，有点儿怀念以前稳定的教师生涯了，但是已经回不去了。"

02

针对 Lizzy 的现状，我首先梳理了一下她陷入当前困境的原因：

（1）对创业艰辛估计不足

Lizzy 看到别人创业做亲子教育，好像很轻松，当自己做起来后，才发现她看到的并不是真相。现实生活中，我们每个人都很容易被各种各样的表象迷惑。教育行业看似"朝阳"，但是竞争也异常激烈，这就要求我们必须提供附加值更高的服务，才可以获得更大的市场。

（2）高负荷工作状态影响身体健康

Lizzy 跟我说，她已经持续一年都没有正常的作息了。随着店面的扩张，她把精力都放到了新店的管理上。长期作息不正常不仅仅影响了她胃部的健康，还让她时不时头疼，而且失眠也非常严重。近来，她隐隐感觉身体的不健康已经影响到她在工作中的决策力。

事实上，事业的初创期必然需要投进大量的精力和时间。而当营业流水在一段时间无法应付正常开支，资金压力、内部管理事务以及客户关系管理，就自然成为横在老板面前的"三把刀"。压力巨大，精力有限，人的身体肯定受不了，身心各方面都会出现不舒服的信号，进而对事业产生很大的阻碍。

03

通过对根源的梳理，结合对 Lizzy 性格等方面的进一步探索，我向她提出了以下解决方案。

（1）树立全局观，抓大放小，增加魄力，专注管理

在和 Lizzy 的交谈过程中，我感觉她性格随和，身上有一种文艺的气质。深入了解后，我才知道这是因为她的父母都是教师。但与此同时，我发现她的规则和秩序感很强，每一件事情都力求做到完美。无疑，这也是自幼受她父母对她进行严格的教育的影响。

然而，对 Lizzy 来说，她必须懂得创业是一个抓大放小的过程，需要拥有全局观，而不能被细节牵绊。

Lizzy 随和的个性是处理客户关系最好的润滑剂，但是对内部员工而言，她的随和很容易使她陷进没有威信的境地。往往个性随和的领导，更容易让员工对工作产生倦怠甚至推脱，没有主人翁的责任感。这就会导致更多的事务都会由她自己承担，从而增加了自己的工作量。因此，我建议她从严格管理和果断处事入手，慢慢增强自己的魄力。

另外，没有人能对每一件事情都做到尽善尽美。作为机构创始人，Lizzy 只需要聚焦关键教师的课程质量和运营管理的服务质量，其余的工作都可以尽量交给有专业能力的人负责，留给自己更多的时间专注于管理。

（2）走独具特色的差异化发展路线，稳步向前

商场如战场，只有寻找独具特色的竞争模式，才可以立于不败之地。Lizzy 的机构在两年内就扩张到 4 家店面，扩张过快，资金无法快速回笼，是导致她身心压力巨大的主要原因。

　　首先，我帮 Lizzy 做了差异化定位，建议她先用特色课程打开市场。Lizzy 的教育机构设有早教、少儿英语、少儿数学、少儿兴趣班、少儿乐高班等，基本占据市场的几个主流领域。而这样过度分散的课程设置，反而让客户觉得其专业度不足，市场竞争力较弱。我告诉她，现在要先选取自己更有核心竞争力的业务模块进行经营，舍弃其余不太擅长的模块。比如，前期只聚焦英语教学，这刚好也能发挥她的职业优势。等到后期，时机成熟，再渐渐扩展到其他模块，这样她的身心压力也会减小很多。

　　在走差异化路线的同时，我建议 Lizzy 采取稳定化策略进行发展，后期扩张幅度要小，避免资金过度紧张。她必须先求稳定，再求发展。如果在不稳定的基础上扩张，资金的漏洞会像滚雪球一样越滚越大，到头来将一发不可收拾。

　　其实，当事业撞上健康，最关键的是怎样经营好事业，为保持健康留出足够空间。只有找准更高效的事业策略，稳中求胜，趋利避害，学会做减法，才能集中自己的精力做更重要的事，减少无效的管理，让自己的身心健康得到全方位的修复，获取事业的新发展。

事业上升期，
你能鱼与熊掌兼得吗

有句话叫作"三十而立"，诚然，30 岁以后，职场中的男士大都开足马力往前跑，为了自己的事业奋力拼搏；而大多数女性此时也正处于职业发展的高速上升期。但是，对女性而言，职业发展面临一个巨大的挑战，那就是生孩子和养育孩子等问题。

从多年积累的职业瓶颈案例来看，家庭和事业难以平衡成了 30 岁职场女性面临的最大障碍，如何处理这个问题直接决定了女性未来职业发展的方向和状态。下面，我们就通过一个经典咨询案例来看一看这个问题的解决之道。

01

Nana，32 岁，女，教育行业项目高层管理人员，8 年项目管理经验。她在职场上表现得像一名斗士——特别能拼。师范专业毕业的她，顺利进入一家知名的教育集团公司。经过多年精心的耕耘，她从一名项目助理慢慢晋升到项目管理者。她像男人一样穿行在各个机构，进行现场谈判、项目审核、项目管理、下属人员管理等。她也在这个阶段迎来了她的第一个孩子，好在那时父母可以帮忙，没有影响她的工作。后来，父母身体状况变得越来越差，她又迎来了二胎。一边是孩子，一边是事业，她面临着抉择。

Nana 的性格简单、干脆，不拖泥带水。几个回合的线上交流下来，我们建立了很好的信任。

在写完长长的自我评估表后，她又找到我，恳切地希望我给她面对面做一次全面的职业瓶颈咨询。由于她刚生完二胎不久，身体虚弱，不方便来工作室，我们就约在她家附近的一家安静的咖啡店见面。

依然和以前一样，我比约定的时间提前 15 分钟到场，而她已经在店里等待。不出所料，她面容清瘦，双眉紧锁，但举手投足间透露着果敢和坚韧，又不失修养。看到我后，她会心一笑，咨询就这样开始了。

"你今天来最想要解决的问题是什么？"我们进入短焦咨询环节。

"我写了很多问题，如果排优先次序，我觉得是后续长期的职业目标以及改变途径。"Nana 回答。

"你一胎才刚脱离最辛苦的时期，立马又生了二胎，父母身体不好，没办法帮忙，肯定会对你的职业发展产生很大影响。你是考虑找保姆帮忙带，自己继续工作，还是暂时回归家庭，让职业生涯断档两年呢？"我又问她。

"连生两个孩子，是我和我老公共同的想法，但是我也希望自己能同时照顾到事业和家庭，实现二者的平衡。"显然，她是一位有责任心的女性。

她接着说："在没有孩子的时候，我事业心很强，以为自己越努力工作，家庭就会越幸福。可实际上好像不是这样。有了孩子以后，她带给我很多快乐，而孩子的童年真的需要父母更多的陪伴。第一个孩子我没有顾及，让她养成了很多不好的习惯，我很内疚。我不希望第二个孩子也这样……"

的确，孩子是让女性最无法割舍的。很多女性在生孩子之前披荆斩棘，生孩子后经历生死，激发了内心强大的母爱，这也是为什么这么多女性愿意把更多时间投入家庭的原因。

02

短焦咨询之后，我们进入自我探索环节。在这方面，Nana 已经开始觉醒。通过我公众号里的文章，她也深刻认识到情绪的破坏作用和对他人的伤害。

"你老公觉得你是什么样的妻子？"我首先问她。

"觉得我简单，内心强大，行动力强，性格中有不服输的一面，他也很欣赏我这一点。"从她的语气中，我感觉她的老公是一个有包容心、善良的男性。

"一般欣赏的都是内心缺乏的，你老公和你反差很大，对吗？"我顺势问她。

"你说得很对，我老公因为原生家庭的原因，缺乏安全感。"她说。

"那你需要引导你们共同成长。否则，如果你们之间差距越来越大，他的安全感会越来越弱，也会影响你们之间稳固的关系。"我提醒她。

"是啊，我没有想到这一点。"她有点儿恍然大悟。

实际上，女性的职业发展，不是一个人的事情，获得家人的支持非常重要。

03

上述两个环节之后，我们又进行了深入的职业内外部分析和商业价值模型分析。现在，我们正式开始进入讨论阶段。首先，我们讨论了下面两个问题：

（1）如果生完孩子，重回职场会怎样？

Nana 由于工作的性质，经常出差，还要兼顾下属员工管理，肯定无法顾及家庭，她首先舍弃这个选择。

（2）如果从事自由职业，又会怎样？

Nana 不希望进入原有的行业，既然有空档期，刚好可以进行职业转型。最开始她考虑做一名作家和自由讲师。她是一名文学爱好者，酷爱读书，也喜欢在写作过程中找寻快乐。另外，她也是一名演讲爱好者，在实践中形成了自己的一套风格。

讨论完以上两个问题，我们又针对写作和讲师是否都可以变现进行了讨论。写作和讲师都需要时间和人脉累积，都属于知识变现领域。结合她的个体价值提炼和职业要素，我给她如下建议：

第一，转型的重点是先生存，再发展。不管是作家还是讲师，都需要传播的平台。我建议 Nana 以讲师为主，以写作为辅。写作更多的是为讲师增色。

在哺育孩子的 2～3 年里，先参加职业讲师的培训，然后开始着手加强个人的品牌宣传，可以通过微信公众号（文章可以自己编辑）或通过去学校、企业讲公开课等各种方式进行宣传。

第二，储备专业知识和客户资源，并以自由职业者的身份与相关机构合作，形成稳定的商业模式。

第三，等商业模式成熟后，可开展后续创业，先小规模运作，然后依据盈利点慢慢扩张，切忌一开始就大面积铺开。

Nana 对此非常认同。咨询结束后，我给她布置了家庭作业——行动计划。她带着满意的微笑和我拥抱离开。从她离去的背影上，我看到了坚韧和希望。我相信，假以时日，她定会成为所在领域极具影响力的人。

在上文中，我们对案例中的 Nana 做出了深入透彻的分析，并给她找到了解决之道。但是，在现实中，依然有不少女性深陷泥潭，无法自拔，因为每个人都是不一样的。那么，如何从单一的事件中找出共通之处，也就是如何从错综复杂的事件中找出深层次的东西呢？下面，结合 Nana 的案例，我从两个角度为大家进行深度阐述，帮助大家解开谜团。

HR 角度：职业生涯发展角度

女性的职业生涯发展和男性有很大差别，男性通常以单一角色在职场打拼，更注重外部的价值力量，而女性在不同阶段需要承担不同的角色定位（见图）。

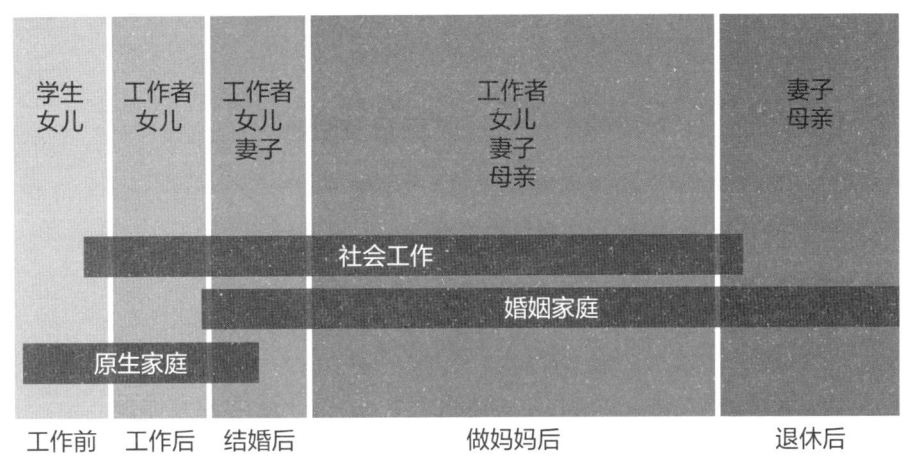

职业女性成长轨迹图

从上图中，我们可以直观地看出，当女性做妈妈以后，她所承担的责任和义务是最多的，此时的困难也是最多的。这就好比你在野外草地上自驾，一直是一路坦途，突然间遇到了交通障碍，让你进退两难。

当你在生活和事业中的角色相冲突，各种角色叠加在一起，每个角色你都想扮演好时，必然进入角色焦虑，无法实现平衡。就像 Nana，作为母亲，她想给孩子足够的母爱，好好陪他们成长；作为女儿，她父母的身体状况不太好，她又得照顾父母；作为妻子，她还得兼顾照顾丈夫的生活起居。同时，Nana 又是一个事业心非常强的职场女性，安安稳稳待在家里并不是她想要的，而且她也希望通过自己的努力让整个家庭更加幸福。正是这四重角色的压力让她难以抉择，内心渐渐失去平衡。

心理角度：内心冲突角度

女性之所以困于事业与家庭二者之间难以抉择，是因为内心产生巨大的冲突。正常冲突的两种倾角之间的角度是锐角，但是当冲突日益明显，这种角度会慢慢转化为直角，严重的可达到直线，如下图。

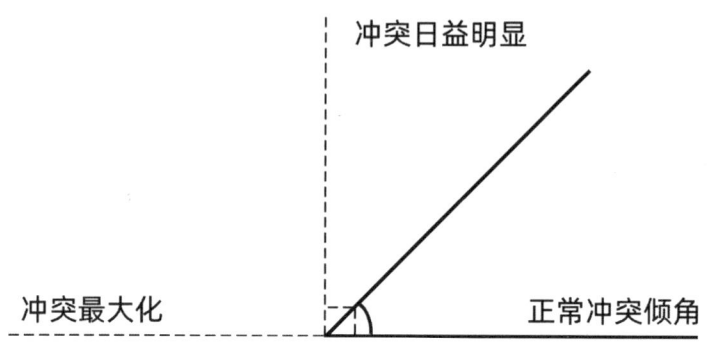

心理冲突示意图

这里，我们就要先了解一下内心冲突的四种模式：

a. 双趋冲突——鱼与熊掌不可兼得

两件事物对个体都有吸引力，都想趋之，但二者不可兼得，难以抉择。

当两个动机促使个体在行为上追求两个目标，两个目标无法同时兼得时，二者取其一而又不愿割舍其他的心态，就属于双趋冲突。

比如，你手里有一笔钱，你既想买房子，又想买车。但是，这笔钱数量有限，你选择买房子就不能买车，选择买车就无法买房子。

b. 双避冲突——前怕狼后怕虎

两件事都有排斥力，都力求避免，但必须择取其一，难以决定。

当个体发现两个目标可能同时具有威胁性，就会产生二者都要逃避的动机。然而迫于形势，两难之中必须接受其一时，双避冲突就形成了。

比如，孩子生病了，既不想吃药，又不想打针，但是为了把病治好不得不选择其中一个。

c. 趋避冲突——进退两难

同一目标对于个体同时具有趋近和逃避的心态。

当某个目标可以满足人的某些需求，但同时又会构成某些威胁，既有吸引力又有排斥力时，就会构成趋避冲突。例如，一个爱美的女孩子很喜欢吃奶油蛋糕，但是又担心吃了奶油会长胖。

d. 双重或多重趋避冲突

这是双避冲突与双趋冲突的复合形式，也可能是两种以上趋避冲突的复合形式。即两个目标或情境对个体同时有利和有弊，面对这种情况，当事人往往陷入左右为难的痛苦取舍中，即双重趋避冲突。

举个简单的例子：一个大学毕业生面临两份职业选择，这两份职业对他来说都有利又有弊。一份职业收入很高，但工作起来会很辛苦；另一份工作会相对轻松很多，但是收入也会比较低。而这个大学生从小娇生惯养，既想工作轻松，又想收入很高，于是陷入艰难的选择之中。

了解了四种内心冲突模式，我们再来看职业发展过程中家庭和事业失衡的问题。如果仅仅是单方面的家庭和事业的平衡，一般来说属于"双趋冲突"，但是若夹杂了其他的因素，譬如婆媳矛盾、子女教育等问题，那么就会变成"双重趋避冲突"。

显然，案例中的 Nana 面临的就是双重趋避冲突。她想陪伴孩子成长、照顾父母、兼顾家庭，又不想放弃自己的职业发展目标，影响自己的事业发展。而事实上，在现阶段，Nana 很难做到两全，她必须做出选择。

就像 Nana 一样，内心的冲突如果已经显现，但是没有办法得到良好的解决，二者就会不断摩擦，天长日久，势必会产生内心失衡。当冲突日益加大，又会导致失衡指数呈现正增长，而当失衡指数达到自身无法平衡的程度时，内心的焦虑感也就油然而生。

显然，角色的撞车以及内心的冲突，如果处理不好，势必造成家庭和事业的失衡。而身为女性，我深知要兼顾家庭和事业有多么不易。二者失衡的女性必须去寻找行之有效的方法，尝试卸下疲惫，轻松自如地步入自我实现的坦途。接下来，围绕 Nana 的案例，我继续从职业发展和内心冲突两个角度给大家进行深度阐述，为陷入泥潭的你提供参考解决方案。

（1）职涯发展角度——PCC 法则

通过之前的分析，我们可以了解到，做妈妈后，女性要承担工作者、女儿、妻子、母亲四重角色，这是职业女性成长轨迹中角色最多的阶段。在这一阶段，几乎所有女性都想把每个角色都扮演好，但是往往心有余而力不足，最终大多数女性都会陷入角色焦虑，无法实现平衡。

那么面对这种情况，作为女性，我们真的只能顺势而为吗？答案是否定的。

下面，我们通过我精心研究多年的 PCC 法则，来寻找解决问题的方法。

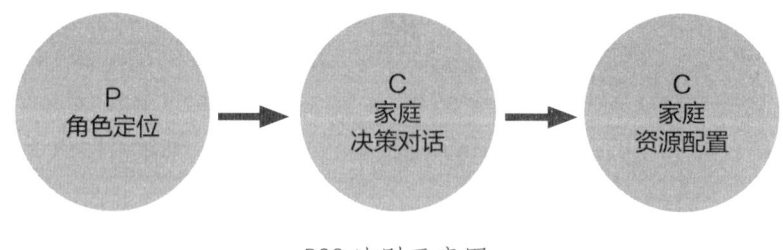

PCC 法则示意图

① P-Positioning 角色定位

根据 PCC 法则，我们首先要做的是角色定位。下面三个问题可以帮助大家进行角色定位：

- 哪些角色你觉得是缺了你演不了的？
- 哪些角色是你现在不演，未来也有机会演的？
- 哪些角色是你特别看重的？

思考上述三个问题以后，我们就可以将四个角色按照时间和重要度依次排列，将紧迫以及特别重要的角色先行定位，然后再定位其他角色。那么，对 Nana 来说，最开始她把工作者的角色放在了第一位，之后才是妻子、母亲、女儿的角色。但是通过角色定位，她最终做了调整，把家庭中妻子、母亲、女儿的角色放在前面，放弃重回职场，利用 2～3 年的时间，在照顾家庭的同时，积蓄力量完成职业转型，发展自由职业。

② C-Conversation 家庭决策对话

家庭决策对话和企业决策对话有很大的区别，企业更加注重目标的效果，而家庭中家庭成员彼此均已非常熟悉，关心则乱，增加了实施的复杂性和困难度，需要拨开云雾，找出真相。我梳理了以下 4 个步骤，帮你实现切实有效的方案。

第一步：家庭目标对话——达成一致

家庭决策对话的第一步就是家庭目标对话，对话的目的是使家庭目标达成一致。例如，我们可以从以下方面展开家庭目标对话：

- 家庭未来的财务目标是什么？
- 各自的职业理想是什么？

·准备给孩子提供什么样的教育环境？

·今后如何照顾年迈的父母？

·我们需要为今后的生活做什么样的储备计划？如何分工？

第二步：分析双方优劣势

当家庭目标达成一致以后，夫妻双方就要来分析彼此的优势和劣势，以帮助家庭扬长避短，更有效地实现目标。那么怎样具体分析呢？我们可以从以下角度进行思考：

·要达成家庭目标，双方赚钱能力如何？

·双方事业的成长空间如何？

·为实现目标，各自需要多少时间？

第三步：梳理家庭资源

分析完夫妻双方的优势和劣势，我们还要对家庭资源进行梳理。家庭资源，是为了实现家庭目标，重新规划行动的基础和条件。对此，可以从以下方面进行梳理：

·家庭财务状况如何？

·是否有父母帮忙？

·如果没有，是否可以请保姆帮忙？

第四步：分析问题，做出决策

通过上述分析和梳理，现在要做的就是将所有问题进行综合分析，做出最终决策。拿 Nana 来说，通过家庭决策对话，他们做出了双方都满意的最终决策。

由于她丈夫从事研发工作，经济收入非常好，事业发展前景广阔，能为家庭带来更大的价值，应得到全力支持。经过深度沟通、商量，出于对父母身体健康的考虑，Nana 和丈夫决定让父母留在老家休养，而由 Nana 来照顾家庭和孩子。

当然，对 Nana 而言，照顾家庭和孩子的这两三年，就成了她职业发展的空窗期。而我们知道，Nana 决定以后做讲师，刚好需要一定时间的积累和沉淀，才能厚积而薄发。这两三年时间正好可以让她沉下心来，通过学习、培训积累知识和经验。她还可以请保姆帮她带孩子，从而有更多的时间为自己未来的职业发展做前期的铺垫和探索。

那么，对于同样想生二孩的女性，如果家庭财务状况很乐观，家里有老人帮忙看孩子，或者虽然老人没法帮忙，但经济足够宽裕，允许雇用保姆帮忙，就可以生二孩，而且这样对事业的发展影响也不会太大。如果财务状况不够乐观，夫妻双方都需要在工作中投入大量精力，家里也没有老人帮忙照看孩子，也不能雇用保姆，那么暂时就不要生二孩。

如果梳理后，发现保证女性的事业发展能够为家庭带来更大的价值，而且这又和家庭目标并不冲突，那么就应该全力支持。

如果梳理后，依然有冲突，就要跳到第一条，重新确定家庭目标。

③ C-Configuration 家庭资源配置

作出决策后，就需要将家庭资源重新配置，目的是使我们更好地采取行动，向着家庭目标前进。Nana 通过家庭决策对话，和丈夫做出了最终决策。我们知道 Nana 丈夫的经济收入足以支撑整个家庭的经济支出，可以想象，在未来的 2 ～ 3 年里，只要他们合理配置家庭资源，朝着家庭目标共同努力，他们的家庭会更加幸福和和谐。

总之，家庭目标的实现需要夫妻双方乃至全部家庭成员的共同参与，任何单方面的牺牲，只会造成矛盾的加剧和家庭的裂痕。

（2）内心冲突角度——WISE 框架

前面我们了解了内心冲突的四种模式，知道家庭和事业失衡的根源之一就是内心冲突的不断摩擦和加剧。那么，当冲突的迹象开始产生的时候，我们应该如何将冲突扼杀在"摇篮"里呢？下面的 WISE 框架可以帮助我们，它是由 Willing（意愿）、Interesting（兴趣）、Strength（擅长）、Equilibrium Point（平衡点）四个方面构成的交叉图形框架：

W=Willing
意愿

I=Interesting
兴趣

S=Strength
擅长

E=Equilibrium Point
平衡点

WISE 框架示意图

① Willing（意愿）

在 WISE 框架中，Willing 是第一要素，它意味着你首先要找一份你愿意投入精力、时间、成本的事业去做。

注意，我说的是事业，不是工作！因为事业是你想去做的事，而工作是你不得不做的事。

② Interesting（兴趣）

Interesting 是 WISE 框架中的第二要素。当你找到自己想做的事业以后，你要做的就是在这份事业中找到你的兴趣点所在。兴趣，可以是先天的，当然这个概率比较低。所以，这里的兴趣更多的是指后天培养的兴趣，你可以通过与欲望挂钩等方法，培养自己的兴趣。

③ Strength（擅长）

Strength，作为 WISE 框架的第三要素，是指如果可能，在你选择的事业中，尽量将自己定位在你最擅长或别人认为你擅长的工作上。那么，如何才能发现自己擅长什么呢？这里有一个最简单的方法，就是多试、多做。

④ Equilibrium Point（平衡点）

从 WISE 框架中，我们可以看到 Equilibrium Point 指的是 Willing、Interesting、Strength 三者的重合点。显然，它意味着，当你经过深度的自我探索，投入一份你想做的事业中，而且能做自己既感兴趣又擅长的工作，你就能找到事业的平衡点，从而使自己的事业更好地发展。

结合 WISE 框架，我们再来看 Nana 的案例。我们知道，通过分析，她的新的职业定位是职业讲师。作为一个事业心极强的女性，她从事这份事业的意愿是足够强烈的。而 Nana 说过，她是演讲爱好者，这正好是她的兴趣所在。同时，在之前的职场工作中，Nana 也已经显示出了她有从事这一职业的潜力。现在她需要的是利用时间不断地学习和历练，不断打磨自己，经过一点一滴的积累，最终在这一新的职业领域成就事业。

通过 WISE 框架，我们可以找到事业平衡点，那么将事业换成家庭同样适用。我们把事业和家庭的平衡点分别梳理出来以后，将二者融合，你就会发现你所面临的冲突会一一化解。

总而言之，女性因社会角色的原因，不仅要驰骋职场，还要兼顾家庭，实属不易。作为一名女性，同时是职业生涯咨询和心理咨询先行者，我深知肩上的重任。未来的道路还很漫长，希望我们共同披荆斩棘，走向灿烂的未来。

● 后记

从知行合一到"心力不足"，送你三个锦囊

　　因为职业的性质，我会接触到各个行业的牛人。我深深地感觉到，一个人能否抵达他预期的发展上限，和他的心智有很大关联。

　　明代理学家王阳明曾经说过："知者行之始，行者知之成。"是的，当一个人知行合一以后，持续践行，是可以获得想要的成就的。但是仅仅如此还不够，如果心力无法跟随心智的步伐，最终一切也会崩塌。

　　根据我过往接触的几千起案例，我深入探究了成功者的性格特征和他们成功的深层次原因。对于想要成功的你，我送你以下三个锦囊：

　　1. 不要妄想改变他人，能改变的人只有自己

　　我们身边往往不乏这样两类人：一类人，他在自己的舒适区安逸半生，却因变革慌了神，觉得世道不公；另一类人，他的存在就是为了改造，将身边的人变得和他一样。但是，当他们遭遇外部世界的变化后，就容易诚惶诚恐，最终丢失的不是别人，而是自己。

　　我有个做 CEO 的客户朋友，他的公司经历了九九八十一难，最终活了下来，渐渐步入正轨。后来公司进入快速发展期，但是内部管理却跟不上，来请我去帮忙诊断。

　　经过对公司的架构、体系、领导班子的了解和高管访谈等系统的排查

以后，我发现症结并不在于公司内部，而在于我朋友本身。他的问题是过于专断，他的高管团队对此也是怨声载道。公司目前的状态，看起来上上下下好像都是他一个人的影子，慢慢僵化，缺少创新。

对我这个朋友而言，他试图改变公司的人，但是殊不知，世界上最不可控的就是人心。管理的本质不是施压，更多的是让员工学会自我驱动，而他则需要修炼自己的管理智慧和个人魅力，使自己变成凝聚人心的中心。

因此，对管理者来说，面对团队年轻化的趋势，你改变的只能是自己，灵活地应对各种人各种事。而改变自己，也是对人性本身的尊重。

2. 培养强大的心力

褚橙的创始人褚时健是我非常敬重的企业家。1999 年，褚时健从一个企业风云人物变为监狱里面的囚徒，跌落到人生的低谷之中。当他在监狱里时，他心爱的女儿去世，儿子远走他乡。这对他来说，真是家破人亡。他的身体状况也越来越不好。可是令人没有想到的是，重获新生的他上了哀牢山，承包了 2400 亩荒地，通过种橙子再一次获得成功。而那一年，他已经 70 多岁了。

为什么他能成功？因为他有强大的心力，这股力量无关年龄，不断支撑他创造新的奇迹。反观我们身边的一些人，经常被"成功者"的光环吸引，但是却忘记了背后需要付出多少努力和汗水。

想要成为成功者，不能一味地模仿，而要了解他强大心力的源头——愿景。愿景的渴望越强，你的心力也会越发强大，所以你需要思考的是以下 3 个问题：

· 你当下在哪里？

· 基于现实，你未来 3 ~ 5 年想要去哪里？

· 即使充满荆棘，你是否依旧会坚持前行？

路径是切实可行，还是虚无缥缈？持续地检验和复盘，明确心中所想，你也会越来越强大。

3. 学会高效地平衡

我曾经和一些成功的企业家朋友交流，发现他们并不是工作狂，而是将事业和家庭平衡得很好的人。

比如，曾经有人问我："当事业和家庭必须舍掉一个的时候，应该舍弃谁？"

舍弃事业吗？陪伴家庭，你的成就感从何而来？

舍弃家庭吗？那么，你期盼的天伦之乐从何而来？

这样舍弃可以吗？可以，但是是极端的方法。这样的做法，短时间内会让你感觉内心安定，但是时间一长，你就会开始怀念曾经被你舍弃的东西。

没有人想成为事业的奴隶，都想追求财务自由后的天伦之乐。我有个朋友，事业很成功，可是他的孩子因为他长期疏于管理，特别叛逆，和他几乎成为仇人。当他想要和孩子好好沟通的时候，孩子总是说："我小的时候，你从来不管我。现在我大了，你也没必要管我了！"可想而知，他的内心有多难过。对他来说，剩下的就是修复，他需要花较多的时间去慢慢弥补孩子多年来形成的情感空缺。

所以，一个人是否成功，不取决于其拥有的财富，也不能只看别人的评价，更在于他内心的自由和幸福感。一个人，有值得一生去爱的人，有值得一生去拼的事业，此生足矣。

● 学员推荐

圣诞前夕，我们有了第一次让人如沐春风的沟通，主诉求就是"找寻内心的源动力"。到第三次沟通后的建议方案，则彻底让我茅塞顿开。她不仅为我指明了方向，还指出了具体的路径，非常清晰，也非常具有可操作性。更重要的是，她帮助我从深层次的认知思维和成长经历追根溯源找到问题的本质。而我最近新换的工作，也是基于这样一个逻辑和方向做出的选择和决定。

非常感谢赵默老师和她的团队！

最后，祝愿大家都能少走弯路，成为你真正想成为的那个人！

剩下的，我们一起交给时间！

——**陶　姿**（世界 500 强企业前销售总监，香港科技大学 MBA）

曾经的我不知道未来究竟想干什么，于是就请赵老师帮我进行了专业的职业规划。赵老师让我从迷茫中慢慢走出来，让我有了前进的方向。这同时也是我一直在心理学这条道路上坚持到现在的原因。

每个人都有信仰和梦想，而我的梦想就是成为想成为的那个人，不受原生家庭的束缚，不受外界的干扰，专心做自己热爱的工作。感谢能够与赵老师相遇。

很高兴赵老师马上要出新书了，希望不久的将来，我也能像赵老师一样实现人生的梦想，越来越快乐。祝愿赵老师新书大卖，事业越办越好！

——**唐雨晴**（独角兽零售企业人事主管）

在人生最无助的时候，我遇见了赵老师。通过咨询，赵老师用精准的洞察、丰富的经验、专业的知识让我找到了适合自己的职业方向，让我在追逐梦想的路上，即使遇到困难也感到无比的欢乐。我想这就是突破职业瓶颈后的华丽转身！

——**侯仰杰**（新疆辰海财顾创始人）

人生下半场，在最困惑和迷茫的时候，我偶遇了赵老师。由于曾经有过类似的咨询经历，刚开始时，我并未将与她的面谈放在心上。但随着赵老师细致专业的沟通，逐步打开了我的心门。通过挖掘内心最深处的痛点，她让我慢慢走出职业生涯低谷期，开启了新的征程。

——**孙　昊**〔融顿（上海）股权投资基金管理有限公司战略合作总监〕

时间过得真快，遥想之前的一段时间，我也曾不断地自我怀疑，徘徊不前，看不清未来的方向，也无法认识自己的内心，不知道下一步该如何走。感谢与赵默老师的相遇，是她教会了我重新认识自己，帮我解开了困惑，也为我指出了可行性很强的成长建议。漫漫人生路，她也让我成了自己的摆渡人。

感谢默姐，祝其新书大卖！

——**于文静**（智慧树前 Java 开发工程师）

附录 1

DISC 个性测试

DISC 个性测试是国外企业广泛应用的一种人格测验，用于测查、评估和帮助人们改善其行为方式、人际关系、工作绩效、团队合作、领导风格等。DISC 个性测试由 24 组描述个性特质的形容词构成，每组包含 4 个形容词，这些形容词是根据支配性（D）、影响性（I）、稳定性（S）、服从性（C）4 个测量维度来设置的，要求被试者从中选择一个最适合自己和最不适合自己的形容词。

在每一个大标题中的 4 个选项中，只选择一个最符合你的，最后累计 D、I、S、C 各项选择的次数。一共 40 题，不能遗漏。

注意：请根据第一印象迅速选择，如果不能确定，可回忆童年时的情况，或者以你最熟悉的人对你的评价来作出选择。

一

1.富于冒险：愿意面对新事物并敢于下决心掌握机会。——D

2.适应力强：轻松自如适应任何环境。——S

3.生动：充满活力，表情生动，多手势。——I

4.善于分析：喜欢研究各部分之间的逻辑和关系。——C

二

1.坚持不懈：要完成现有的事才能做新的事情。——C

2.喜好娱乐：充满快乐与幽默感。——I

3.善于说服：用逻辑和事实而不用威严和权力使人信服。——D

4.平和：在冲突中不受干扰，保持平静。——S

三

1.顺服：易接受他人的观点和喜好，不坚持己见。——S

2.自我牺牲：为他人利益愿意放弃个人意见。——C

3.善于社交：认为与人相处是好玩，而不是挑战或者商业机会。——I

4.意志坚定：决心以自己的方式做事。——D

四

1.使人认同：因人格魅力或性格使人认同。——I

2.体贴：关心别人的感受与需要。——C

3.竞争性：把一切当作竞赛，总是有强烈的赢的欲望。——D

4.自控性：控制自己的情感，极少流露。——S

五

1.使人振作：给他人清新、振奋的刺激。——I

2.尊重他人：对人诚实尊重。——C

3.善于应变：对任何情况都能作出有效的反应。——D

4.含蓄：自我约束情绪与热忱。——S

六

1.生机勃勃：充满生命力与兴奋。——I

2.满足：容易接受任何情况与环境。——S

3.敏感：对周围的人事过分关心。——C

4.自立：独立性强，只依靠自己的能力、判断与才智。——D

七

1.计划者：先做详尽的计划，并严格按计划进行，不想改动。——C

2.耐性：不因延误而懊恼，冷静且能容忍。——S

3.积极：相信自己有转危为安的能力。——D

225

4.推动者：动用性格魅力或鼓励别人参与。——I

八

1.肯定：自信，极少犹豫或者动摇。——D

2.无拘无束：不喜欢预先计划，或者被计划牵制。——I

3.羞涩：安静，不善于交谈。——S

4.有时间性：生活处事依靠时间表，不喜欢计划被人干扰。——C

九

1.迁就：改变自己以与他人协调，短时间内按他人要求行事。——S

2.井井有条：有系统、有条理地安排事情。——C

3.坦率：毫无保留，坦率发言。——I

4.乐观：令他人和自己相信任何事情都会好转。——D

十

1.强迫性：发号施令，强迫他人听从。——D

2.忠诚：一贯可靠，忠心不移，有时毫无根据地奉献。——C

3.有趣：风趣、幽默，把任何事物都能变成精彩的故事。——I

4.友善：不主动交谈，不爱争论。——S

十一

1.勇敢：敢于冒险，无所畏惧。——D

2.体贴：待人得体，有耐心。——S

3.注意细节：观察入微，做事情有条不紊。——C

4.可爱：开心，在与他人相处中获得乐趣。——I

十二

1.令人开心：充满活力，并将快乐传给他人。——I

2.文化修养：对艺术或学术特别爱好，如戏剧、交响乐等。——C

3.自信：相信自己的能力，相信自己能够成功。——D

4.贯彻始终：情绪平稳，做事情坚持不懈。——S

十三

1.理想主义：以自己完美的标准来设想衡量新事物。——C

2.独立：自给自足，独立自信，不需要他人帮忙。——D

3.无攻击性：不说或者做可能引起别人不满和反对的事情。——S

4.富有激励：鼓励别人参与、加入，并把每件事情变得有趣。——I

十四

1.感情外露：从不掩饰情感和喜好，交谈时常身不由己地接触他人。——I

2.深沉：思想深刻并常常内省，对肤浅的交谈、消遣会很厌恶。——C

3.果断：有很快做出判断与结论的能力。——D

4.幽默：语气平和而富有幽默感。——S

十五

1.调解：经常居中调节不同的意见，以避免双方的冲突。——S

2.有音乐天赋：爱好参与并有较深的鉴赏能力，因音乐的艺术性，而不是因为表演的乐趣。——C

3.发起人：高效率的推动者，是他人的领导者，闲不住。——D

4.喜交朋友：喜欢周旋于聚会中，善交新朋友，不把任何人当陌生人。——I

十六

1.考虑周到：善解人意，帮助别人，记住对他人而言比较特别的日子。——C

2.执着：不达目的，誓不罢休。——D

3.多言：不断地说话、讲笑话以娱乐他人，觉得应该避免沉默而带来的尴尬。——I

4.容忍：易接受别人的想法和看法，不需要反对或改变他人。——S

十七

1.聆听者：愿意听别人倾诉。——S

2.忠心：对自己的理想、朋友、工作都绝对忠实，有时甚至不需要理由。——C

3.领导者：天生的领导者，不相信别人的能力能比得过自己。——D

4.活力充沛：充满活力，精力充沛。——I

十八

1.知足：满足自己拥有的，很少羡慕别人。——S

2.首领：要求领导地位及别人跟随。——D

3.制图者：用图表数字来组织生活、解决问题。——C

4.惹人喜爱：人们注意的中心，令人喜欢。——I

十九

1.完美主义者：对自己、对别人都高标准、严要求，要求一切事物有秩序。——C

2.和气：易相处，易说话，易让人接近。——S

3.勤劳：不停地工作和完成任务，不愿意休息。——D

4.受欢迎：聚会时的灵魂人物，受欢迎的宾客。——I

二十

1.跳跃性：充满活力和生气勃勃。——I

2.无畏：大胆前进，不怕冒险。——D

3.规范性：时时要求自己的举止符合社会认同的道德规范。——C

4.平衡：稳定，走中间路线。——S

二十一

1.乏味：死气沉沉，缺乏生气。——S

2.忸怩：躲避别人的注意力，在众人注意下不自然。——C

3.露骨：好表现，华而不实，声音大。——I

4.专横：喜命令、支配他人，有时略显傲慢。——D

二十二

1.散漫：生活任性无秩序。——I

2.无同情心：不易理解别人的问题和麻烦。——D

3.缺乏热情：不易兴奋，经常感到好事难做。——S

4.不宽恕：不易宽恕和忘记别人对自己的伤害，易嫉妒。——C

二十三

1.保留：不愿意参与，尤其是当事情复杂时。——S

2.怨恨：把实际或者自己想象的别人的冒犯经常放在心中。——C

3.逆反：抗拒或者拒不接受别人的方法，固执己见。——D

4.唠叨：重复讲同一件事情或故事，总是不断找话题说话。——I

二十四

1.挑剔：关注琐事细节，总喜欢挑不足。——C

2.胆小：经常感到强烈的担心、焦虑、悲戚。——S

3.健忘：缺乏自我约束，导致健忘，不愿意回忆无趣的事情。——I

4.率直：直言不讳，直接表达自己的看法。——D

二十五

1.没耐性：难以忍受等待别人。——D

2.无安全感：感到担心且无自信。——S

3.优柔寡断：很难下决定。——C

4.好插嘴：一个滔滔不绝的发言人，不是好听众，不注意别人说的话。——I

二十六

1.不受欢迎：由于强烈要求完美，而拒人千里。——C

2.不参与：不愿意加入，不参与，对别人生活不感兴趣。——S

3.难预测：时而兴奋，时而低落，或总是不兑现诺言。——I

4.缺同情心：很难当众表达对弱者或者受难者的情感。——D

二十七

1.固执：坚持照自己的意见行事，不听取不同的意见。——D

2.随兴：做事情没有一贯性，随意做事情。——I

3.难以取悦：因为要求太高很难被取悦。——C

4.行动迟缓：迟迟才行动，不易参与或者行动总是慢半拍。——S

二十八

1.平淡：平实淡漠，中间路线，无高低之分，很少表露情感。——S

2.悲观：尽管期待最好但往往首先看到事物不利之处。——C

3.自负：自我评价高，认为自己是最好的人选。——D

4.放任：允许别人做喜欢做的事情，为的是讨好别人，令别人鼓吹自己。——I

二十九

1.易怒：善变，孩子性格，易激动，过后马上就忘了。——I

2.无目标：不喜欢定目标，也无意定目标。——S

3.好争论：易与人争吵，不管对何事都觉得自己是对的。——D

4.孤芳自赏：容易感到被疏离，经常没有安全感或担心别人不喜欢和自己相处。——C

三十

1.天真：孩子般的单纯，不理解生命的真谛。——I

2.消极：往往看到事物的消极面和阴暗面，而少有积极的态度。——C

3.鲁莽：充满不恰当的自信和胆识。——D

4.冷漠：漠不关心，得过且过。——S

三十一

1.担忧：时时感到不确定、焦虑、心烦。——S

2.不善交际：总喜欢挑人毛病，不被人喜欢。——C

3.工作狂：为了回报或者成就感，而不是为了完美，因而设立雄伟目标不断工作，耻于休息。——D

4.喜获认同：需要旁人认同赞赏，像演员。——I

三十二

1.过分敏感：对事物过分反应，被人误解时感到被冒犯。——C

2.不圆滑老练：经常用冒犯或考虑不周的方式表达自己。——D

3.胆怯：遇到困难退缩。——S

4.喋喋不休：难以自控，滔滔不绝，不能倾听别人。——I

三十三

1.腼腆：事事不确定，对所做的事情缺乏信心。——S

2.生活紊乱：缺乏安排生活的能力。——I

3.跋扈：冲动地控制事物和别人，指挥他人。——D

4.抑郁：常常情绪低落。——C

三十四

1.缺乏毅力：反复无常，互相矛盾，情绪与行动不合逻辑。——I

2.内向：活在自己的世界里，思想和兴趣放在心里。——C

3.不容忍：不能忍受他人的观点、态度和做事的方式。——D

4.无异议：对很多事情漠不关心。——S

三十五

1.杂乱无章：生活环境无秩序，经常找不到东西。——I

2.情绪化：情绪不易高涨，感到不被欣赏时很容易低落。——C

3.喃喃自语：低声说话，不在乎说不清楚。——S

4.喜操纵：精明处事，操纵欲强，使事态对自己有利。——D

三十六

1.缓慢：行动反应均比较慢。——S

2.顽固：决心依自己的意愿行事，不易被说服。——D

3.好表现：要吸引人，需要自己成为被人注意的中心。——I

4.有戒心：不易相信，对语言背后的真正的动机存在疑问。——C

三十七

1.孤僻：需要大量的时间独处，避开人群。——C

2.统治欲：毫不犹豫地表示自己的正确或控制能力。——D

3.懒惰：总是先估量事情要耗费多少精力，能不做最好。——S

4.大嗓门：说话声和笑声总盖过他人。——I

三十八

1.拖延：凡事起步慢，需要推动力。——S

2.多疑：凡事怀疑，不相信别人。——C

3.易怒：不能完成指定工作时易烦躁和发怒。——D

4.易受干扰：无法专心致志或者集中精力。——I

三十九

1.报复性：记恨并惩罚冒犯自己的人。——C

2.烦躁：喜新厌旧，不喜欢长时间做相同的事情。——I

3.勉强：不愿意参与或投入。——S

4.轻率：因没有耐心，不经思考，草率行动。——D

四十

1.妥协：为避免矛盾，即使自己是对的也不惜放弃自己的立场。——S

2.好批评：不断地衡量和下判断，经常考虑提出反对意见。——C

3.狡猾：精明，总是有办法达到目的。——D

4.善变：像孩子般注意力短暂，需要各种变化，怕无聊。——I

统计各选项的数量，作为得分记在括号内。

D（   ），I（   ），S（   ），C（   ）

测试结果及使用说明

计算你的各项得分，超过 10 分称为"显性因子"，可以作为性格测评的主要判断依据。低于 10 分称为"隐性因子"，对性格测评没有实际指导意义，可以忽略。如果有两项及以上得分超过 10，说明你同时具备这两项特质。

D 型（支配型／控制者）

高 D 型特质的人可称为"天生的领袖"，他们是主动的开拓者。其性格上的主要特征是积极进取、争强好胜、强势、爱追根究底、直截了当、坚持己见、自信、直率。

在情感方面，D 型人坚定果敢，酷好变化，喜欢控制，干劲十足，独立自主，超级自信。可是，由于比较不会顾及别人的感受，所以显得粗鲁、霸道、没有耐心、穷追不舍、不会放松。D 型人不习惯与别人进行感情上的交流，不会恭维人，不喜欢眼泪，缺乏同情心。

在工作方面，D 型人是一个务实和讲究效率的人，目标明确，眼光全面，组织力强，行动迅速，解决问题不过夜，果敢坚持到底，在反对声中成长。但是，因为过于强调结果，D 型人往往容易忽视细节，处理问题不够细致。爱管人、喜欢支配他人的特点使得 D 型人能够带动团队进步，但也容易激起同事的反感。

在人际关系方面，D 型人喜欢为别人做主，虽然这样能够帮助别人做出选择，但也容易让人有强迫感。由于关注自己的目标，D型人在乎的是别人的可利用价值。喜欢控制别人，不会说"对不起"。

I型（活泼型／社交者）

高I型的人通常是较为活泼的团队活动组织者，有影响力、有说服力，友好、健谈、乐观积极、善于交际。

在情感方面，I型人是一个情感丰富而外露的人，由于性格活跃，爱说，爱讲故事，幽默，很能抓住听众，常常是聚会的中心人物。是一个天才的演员，天真无邪，热情诚挚，喜欢送礼和接受礼物，看重人缘。情绪化的特点使得他容易兴奋，喜欢吹牛、说大话，天真，永远长不大，富有喜剧色彩。但是，他似乎也很容易生气，爱抱怨，大嗓门，不成熟。

在工作方面，I型人是一个热情的推动者，总有新主意，说干就干，能够鼓励和带领他人一起积极投入工作。可是，I型人似乎总是情绪决定一切，想到哪儿说到哪儿，而且说得多干得少，遇到困难容易失去信心，杂乱无章，做事不彻底，爱走神，爱找借口。喜欢轻松友好的环境，非常害怕被拒绝。

在人际关系方面，I型人容易交上朋友，因此朋友很多。关爱朋友，也被朋友称赞。爱当主角，喜欢控制谈话内容。可是，喜欢即兴表演的特点使得I型人常常不能深入了解别人，而且健忘多变。

S型（稳定型／支持者）

高S型的人通常较为平和，知足常乐，不愿意主动前进，可靠、深思熟虑、亲切友好、有毅力、坚持不懈、善于倾听、全面周到、自制力强。

在情感方面，S型人性格温和，有耐心，感情内藏，待人和蔼，乐于倾听，遇事冷静，随遇而安。S型人喜欢使用一句口头禅："不过如此。"这个特点使得S型人总是缺乏热情，不愿改变。

在工作方面，S型人能够按部就班地处理事务，胜任工作并能够持之以恒。奉行中庸之道，平和可亲，一方面习惯于避免冲突，另一方面也能处变不惊。但是，S型人似乎总是慢吞吞的，很难被鼓动。懒惰，马虎，得过且过。由于害怕承担风险和责任，宁愿站在一边旁观。很多时候，S 型人总是避免拿主意，有话不说，或折中处理。

在人际关系方面，S 型人容易相处，喜欢观察人、琢磨人，乐于倾听，愿意支持。可是，由于对他人的看法不以为然，S 型人也可能显得漠不关心，或者嘲讽别人。

C 型（完美型 / 服从者）

高 C 型的人通常是喜欢追求完美的专业型人才，遵从、仔细、有条不紊、严谨、准确、完美主义者、逻辑性强。

在情感方面，C 型人性格深沉，严肃认真，目的性强，善于分析，愿意思考人生与工作的意义，对他人的情绪较为敏感，理想主义。但是，C 型人总是习惯于记住负面的东西，容易情绪低落，过分自我反省，自我贬低，离群索居，有忧郁倾向。

在工作方面，C 型人是一个完美主义者，高标准，计划性强，注重细节，讲究条理，整洁，能够发现问题并制订解决问题的办法。喜欢图表和清单，坚持己见，善始善终。但是，C 型人也很可能是一个优柔寡断的人，习惯于收集信息、资料和做分析，却很难投入行动。容易自我否定，因此需要别人的认同。同时，也习惯于挑剔别人，不能忍受别人的工作做不好。

在人际关系方面，C 型人一方面在寻找理想伙伴，另一方面交友时却显得十分谨慎。能够深切地关怀他人，善于倾听他人的抱怨，帮助别人解决困难。但是，C 型人似乎始终有一种不安全感，以至于感情内向，退缩，怀疑别人，喜欢批评人和事，却不喜欢别人反对自己。

DISC 中的职业倾向概述：

以 D 型为主导性格特征的人，适合的职业有：律师、教师、独具魅力的制作人或管理者等。

以 I 型为主导性格特征的人，适合的职业有：演员、销售、演讲家等。

以 S 型为主导性格特征的人，适合的职业有：会计、咨询师、外交官等。

以 C 型为主导性格特征的人，适合的职业有：音乐家、哲学家、管理顾问等。

通常来说，大部分人并不是单一的性格特质，而是两种特质混合起来的，常见的性格特征组合如下：

自然组合: I, D 混合型

典型的 I 型人或 D 型人性格都比较外向、乐观、坦率。I 型人说话是为了开心，而 D 型人则是为了工作，他们都是健谈的人。

综合了上述优点的 I, D 混合型人通常具有很强的决断力和推动力。在各种性格组合的人中，他是最具领导潜质的，很容易指挥别人并使其乐于工作。他对工作和玩乐都很投入，既懂得享受乐趣又能达到目标，但不会为取得成就而强求自己。

不过，他的缺点也是显而易见的。他往往任性而固执，通常没有耐性，爱在谈话中打断别人并说个不停，却又常常意识不到自己在说什么。

自然组合: C, S 混合型

典型的 C 型人或 S 型人性格都比较内向，容易产生悲观心理。他们处事比较认真，会将问题看得很透彻。他们大都沉默寡言，并且不愿成为焦点人物。

C, S 混合型人可以成为伟大的教育家，因为他既具有热爱学习和研究的 C 型特质，又具有擅于待人接物及传授知识的 S 型特质。不过，他通常很难做决定，因为他稳健与谨慎的性格特质会让他犹豫不决，他也常常因此而误事。为避免出现这种情况，C, S 混合型人最好利用 C 型特质中对完美的追求来敦促自己迅速行动。

互补组合: D, C 混合型

这种性格组合通常能够取长补短。D, C 混合型人可以成为最佳商业人才。将 D 型的领导才能、欲望、目标性强和 C 型的善于分析、对细节敏感、有条理结合起来，会使他所向无敌。对他来说，没有什么事情是不会做的，而他也会坚持做下去直至对结果满意为止。

D, C 混合型人有强烈的欲望和决心，表现得果断、有条理、目标明确。当朝着正确的方向进发时，这一点会促使他走向成功，而一旦走向极端，就变成专横和傲慢了。

互补组合: I, S 混合型

I, S 混合型人凡事都能处之泰然并自得其乐。这种幽默和随和的双重性格组合使他很容易成为别人的好朋友，因为他热情、让人放松的天性很吸引人。

I，S 混合型人既有受人欢迎的幽默感的 I 型特质，又有踏实可靠的 S 型特质，因此他很善于处理人际关系。这一点可以让他成为好的领袖。另一面，I，S 混合型人大多比较懒惰，不肯去追求本属于他的东西。

矛盾型组合：I，C 混合型

单一的 I 型或 C 型性格是非常情绪化的两种性格。当这两种性格集中在一个人身上时，他既要适应 I 型特质所具有的思潮起伏，又要处理 C 型特质所具有的心理创伤。因此，这种性格上的分裂会导致他出现严重的情绪问题。

矛盾型组合：D，S 混合型

与 I，C 混合型人的矛盾性格不同，D，S 混合型人的矛盾性格并不会给他带来情绪上的问题，但会让他经常面临"做还是不做"的内心冲突。因为他所具有的 S 型特质让他对待任何事情都不太较真，而他所具有的 D 型特质就让他对无所作为产生极强的内疚感。要解决这个矛盾，可以将工作和生活截然分开——上班就全情投入，下班就完全放松。

● 附录 2

霍兰德测试

霍兰德（Holland）职业兴趣理论是世界上最著名、应用最普遍的职业规划理论之一，霍兰德职业兴趣测试也是各国使用最普遍的职业测试。下面的霍兰德兴趣岛职业测试是通过选择岛屿，发现自己喜欢和不喜欢的工作内容，探索自己的职业兴趣，帮助自己思考可能的职业方向。

测试题目

我们先来参观一下 6 个神奇的岛屿：

A 岛：这个岛上到处是美术馆、音乐厅，弥漫着浓厚的艺术文化气息。岛上保留着传统的舞蹈、音乐与绘画。许多文艺界人士都喜欢来到这里开沙龙、派对寻求灵感。

C 岛：处处耸立着的现代建筑，标志着这是一个进步的、都市形态的岛屿，岛上的户政管理、地政管理及金融管理都十分完善。岛民们个性冷静保守，处事有条不紊，善于组织规划。

E 岛：该岛经济高度发展，处处是高级饭店、俱乐部、高尔夫球场。岛民性格热情豪爽，善于经营企业和贸易活动。岛上往来者多是企业家、经理人、政治家、律师等。这些商界名流与上等阶层人士在岛上享受着高品质生活。

I 岛：这个岛人少僻静，适合夜观星象。岛上有很多天文馆、科技博物馆、科学图书馆。岛民们最喜欢猫在自己的小房子里，天天钻研学问，沉思冥想，探究真知。哲学家、科学家和心理学家们在这里约会，讨论学术，交流思想。

R 岛：这是个自然生态优良的绿色之岛。岛上不仅保留有热带雨林等原始生态系统，而且建立了相当规模的植物园、动物园、水族馆。岛民以手工制造见长，他们自己种植花果，栽培蔬菜，修缮房屋，打造器物，制作工具。

S岛：这个岛的岛民们都性情温和，乐于助人，人际关系十分和谐。大家互助合作，重视教育后代。每个社区都能自成一个密切互动的服务网络，处处充满着人文关怀气息。

你总共有15秒钟时间回答以下问题：

1.如果你必须在这6个岛之中的一个岛上生活一辈子，成为这里岛民的一员，你第一会选择哪一个岛？

2.你第二会选择哪一个岛？

3.你第三会选择哪一个岛？

4.你打死都不愿意选择哪一个岛？

选好之后，依次记下4个问题的答案。

测试分析：A、C、E、I、R、S这6个岛，事实上分别代表了6种职业类型，它们的描述以及矛盾关系如下：

A岛（艺术型） vs C岛（常规型）

E岛（企业型） vs I岛（研究型）

R岛（现实型） vs S岛（社会型）

问题1的答案体现了你最显著的职业性格特征、最喜欢的活动类型以及最喜欢（很可能是最适合）的大致职业范围。

反之，问题4的答案则是你最不喜欢的活动等。

具体内容如下：

A岛（艺术型）

总体特征：属于理想主义者，具有独创的思维方式和丰富的想象力，直觉强，感情丰富。

喜欢活动：喜欢创造和自我表达类型的活动，如音乐、美术、写作、戏剧等。

喜欢职业：总体来讲，喜欢"非精细管理的创意"类和创造类的工作。如：音乐家、作曲家、乐队指挥、美术家、漫画家、作家、诗人、舞蹈家、演员、戏剧导演、广告设计师、室内装潢设计师等。

C 岛（常规型）

总体特征：追求秩序感，自我抑制，顺从，防卫心理强，追求实际，回避创造性活动。

喜欢活动：喜欢固定的、有秩序的活动，如组织和处理数据等。愿意在一个大的机构中处于从属地位，并希望确切知道工作的要求和标准。

喜欢职业：总体来讲，喜欢有清楚的规范和要求的、按部就班、精打细算、追求效率的工作。如：税务专家、会计师、银行出纳、簿记、行政助理、秘书、档案文书、计算机操作员等。

E 岛（企业型）

总体特征：为人乐观，喜欢冒险，行事冲动，对自己充满自信，精力旺盛，喜好发表意见和见解。

喜欢活动：喜欢领导和影响别人，或为达到个人或组织的目的而说服别人，成就一番事业。

喜欢职业：总体来讲，喜欢那种需要运用领导能力、人际能力、说服能力来达成组织目标的职业。如：商业管理者、市场或销售经理、营销人员、采购员、投资商、电视制片人、保险代理、政治运动领袖、公关人员、律师等。

I 岛（研究型）

总体特征：自主独立，好奇心强烈，敏感并且慎重，重视分析与内省，爱好抽象推理等智力活动。

喜欢活动：喜欢独立的活动，比如独自去探索、研究、理解、思考那些需要严谨分析的抽象问题，独自处理一些信息、观点及理论。

喜欢职业：总体来讲，喜欢以观察、学习、探索、分析、评估或解决问题为主要内容的工作。如：实验室工作人员、物理学家、化学家、生物学家、工程师、程序设计员、社会学家等。

R 岛（现实型）

总体特征：个性平和稳重，看重物质，追求实际效果，喜欢动手进行操作实践。

喜欢活动：愿意从事事务性活动，如户外劳作或操作机器，而不喜欢待在办公室里。

喜欢职业：总体来讲，喜欢与户外、动植物、实物、工具、机器打交道的工作内容。如：农业工作者、林业工作者、渔业工作者、机械制造师、工程师等。

S 岛（社会型）

总体特征：洞察力强，乐于助人，善于合作，重视友谊，热情，关心他人的幸福，有强烈的社会责任感，总是关心自己的工作能对他人及社会做多大贡献。

喜欢活动：喜欢与别人合作的活动，帮助别人解决困难。

喜欢职业：总体来讲，喜欢帮助、支持、教导类工作。如：心理咨询员、社会工作者、教师、辅导员、医护人员、其他各种服务性行业人员。

为了更进一步分析，将问题 1、问题 2、问题 3 的答案依次排列，可形成一个不同岛屿的字母代码组合（如：问题 1、问题 2、问题 3 的答案分别是 A 岛、C 岛、I 岛，组合起来就是 ACI），对照下面的排列组合，找出与自己的答案最接近的排列组合，即找到了可能会使自己真正感兴趣的职业。与之相反，问题 4 的答案将作为排除某些组合时所用的参考。

主代码版

R（实际型）：木匠、农民、操作 X 射线的技师、飞机机械师、鱼类和野生动物专家、自动化技师、机械工（车工、钳工等）、电工、火车司机、长途公共汽车司机、机械制图员、机器修理工、电器师等。

I（研究型）：气象学者、生物学者、天文学家、药剂师、动物学者、化学家、科学报刊编辑、地质学者、植物学者、物理学者、数学家、实验员、科研人员、科技作者等。

A（艺术型）：室内装饰专家、图书管理专家、摄影师、音乐教师、作家、演员、记者、诗人、作曲家、编剧、雕刻家、漫画家等。

S（社会型）：社会学者、导游、福利机构工作者、咨询人员、社会工作者、社会教师、学校领导、公共保健护士等。

E（企业型）：推销员、进货员、商品批发员、旅游经理、饭店经理、广告宣传员、调度员、律师、政治家、零售商等。

C（常规型）：记账员、会计、银行出纳、法庭速记员、成本估算员、税务员、核算员、打字员、办公室职员、计算机操作员、秘书等。

三个代码组合版

实际型R

RIA：牙科技术员、陶工、建筑设计员、模型工、细木工、制作链条人员。

RIS：厨师、林务员、跳水员、潜水员、染色工、电器修理工、眼镜制作工、电工、纺织机械装配工、报务员、装玻璃工人、发电厂操作工人、焊接工等。

RIE：建筑和桥梁工程技术人员、环境工程技术人员、航空工程技术人员、公路工程技术人员、电力工程技术人员、信号工程技术人员、电话工程技术人员、一般机械工程技术人员、自动工程技术人员、矿业工程技术人员、海洋工程技术人员、交通工程技术人员、制图员、家政经济人员、打捞员、计量员、农民、农场工人、农业机器操作工、清洁工、无线电修理工、汽车修理工、手表修理工、管子工、线路维修工、盖（修）房工、电子技术员、伐木工、机械师、锻压操作工、造船装配工、工具仓库管理员等。

RIC：船舶工作人员、接待员、牙科医生助手、农业机器装配工、汽车装配工、缝纫机装配工、钟表装配和检验工、电动器具装配工、鞋匠、锁匠、货物检验员、电梯机修工、托儿所所长、钢琴调音师、装配工、印刷工、建筑工、卡车司机等。

RAI：手工雕刻人员、玻璃雕刻人员、制作模型人员、家具木工、制作皮革品人员、手工绣花人员、手工钩针纺织人员、图画雕刻人员、装订工等。

RSE：消防员、交通巡警、门卫、理发师、房间清洁工、屠夫、锻工、管道安装工、出租汽车驾驶员、仓库管理员等。

RSI：纺织工、农业学校教师、（艺术、商业、技术、工艺等）职业课程教师等。

REC：抄水表员、保姆、实验室动物饲养员、动物管理员等。

REI：轮船船长、航海领航员、大副、试管实验员等。

RES：旅馆服务员、家畜饲养员、渔民、渔网修补工、水手长、收割机操作工、搬行李工人、公园服务员、救生员、登山导游、火车工程技术员、建筑工人、铺轨工人等。

RCI：测量员、勘测员、仪器操作者、农业工程技师、化学工程师、民用工程技师、石油工程技师、资料室管理员、探矿工、煅烧工、烧窑工、矿工、保养工、磨床工、取样员、样品检验员、纺纱工、炮手、漂洗工、电焊工、锯木工、刨床工、制帽工、手工缝纫、油漆工、染色工、按摩师、木匠、农民、建筑工人、电影放映员、勘测员助手等。

RCS：公共汽车驾驶员、游泳池服务员、建筑工人、泥水匠、混凝土工、电话修理工、邮递员、矿工、纺纱工等。

RCE：打井工、吊车驾驶员、农场工人、邮件分类员、铲车司机、拖拉机司机等。

研究型 I

IAS：普通经济学家、农业经济学家、财政经济学家、国际贸易经济学家、实验心理学家、工程心理学家、心理学家、哲学家、内科医生、数学家等。

IAR：人类学家、天文学家、化学家、物理学家、医学病理学家、动物标本制作者、化石修复者、艺术品管理员等。

ISC：营养学家、饮食顾问等。

ISC：侦察员、电视播音室修理工、电视修理服务员、验尸室人、医学实验室技师、调查研究者等。

ISR：水生生物学者、昆虫学家、微生物学家、配镜师、视力矫正者、细菌学家、牙科医生、骨科医生等。

ISA：实验心理学家、普通心理学家、发展心理学家、教育心理学家、社会心理学家、临床心理学家、目录学家、皮肤病学家、神经病学家、妇产科医生、眼科医生、五官科医生、医学实验室技术专家、民航医务人员、护士等。

IES：细菌学家、生理学家、化学专家、地质专家、地理物理学专家、纺织技术专家、医院药剂师、工业药剂师、药房营业员等。

IEC：档案保管员、保险统计员等。

ICR：质量检查技术员、地质学技师、工程师、法官、图书馆技术辅助员等。

IRA：地理学家、地质学家、声学物理学家、矿物学家、古生物学家、石油地质学家、地震学者、原子和分子物理学家、电学和磁学物理学家、气象学家、设计审核员、人口统计学家、数学统计学家、外科医生、城市规划设计师、气象员等。

IRS：流体物理学家、物理海洋学家、等离子体物理学家、农业科学家、动物学家、食品科学家、园艺学家、植物学家、细菌学家、解剖学家、动物病理学家、作物病理学家、药物学家、生物化学家、生物物理学家、细胞生物学家、临床化学家、遗传学家、分子生物学家、质量控制工程师、地理学家、兽医、放射治疗技师等。

IRE：化验员、化学工程师、纺织工程师、食品技师、渔业技术专家、材料和测试工程师、电气工程师、土木工程师、航空工程师、行政官员、冶金专家、原子核工程师、陶瓷工程师、地质工程师、电力工程师、口腔科医生、牙科医生等。

IRC：飞机领航员、飞行员、物理实验室技师、文献检查员、农业技术专家、动植物技术专家、生物技师、油管检查员、工商业规划者、矿藏安全检查员、纺织品检验员、照相机修理工、工程技术员、计算机编程者、工具设计者、仪器维修工等。

艺术型 A

ASE：戏剧导演、舞蹈教师、广告撰稿人、报刊专栏作者、记者、演员、英语导游、外语翻译等。

ASI：音乐教师、乐器教师、美术教师、管弦乐指挥、合唱队指挥、歌星、演奏家、哲学家、作家、广告经理、时装模特等。

AER：新闻摄影师、电视摄像师、艺术指导、录音指导、丑角演员、魔术师、木偶戏演员、骑士、跳水员等。

AEI：音乐指挥、舞台指导、电影导演等。

AES：流行歌手、舞蹈演员、电影导演、广播节目主持人、舞蹈教师、口技表演者、喜剧演员、模特等。

AIS：画家、剧作家、编辑、评论家、时装艺术大师、家具设计师、包装设计师、布景设计师、服装设计师、新闻摄影师、男演员、作家等。

AIE：花匠、皮衣设计师、工业产品设计师、剪影艺术家、复制雕刻品大师等。

AIR：建筑师、画家、摄影师、绘图员、环境美化工、雕刻家、包装设计师、陶器设计师、绣花工、漫画家等。

社会型 S

SEC：社会活动家、官员、工商会事务代表、教育咨询者、宿舍管理员、旅馆经理、饮食服务管理员等。

SER：体育教练、游泳指导等。

SEI：大学校长、学院院长、医院行政管理员、历史学家、家政经济学家、职业学校教师、资料员等。

SEA：娱乐活动管理员、国外服务办事员、社会服务助理、一般咨询者等。

SCE：部长助理、福利机构职员、生产协调人、环境卫生管理人员、戏院经理、餐馆经理、售票员等。

SRI：外科医师助手、医院服务员等。

SRE：体育教师、职业病治疗者、体育教练、专业运动员、房管员、儿童家庭教师、警察、传达员、保姆等。

SRC：护理员、护理助手、医院勤杂工、理发师、学校儿童服务人员等。

SIA：社会学家、心理咨询者、学校心理学家、政治科学家、大学或学院系主任、大学或学院教育学教师、大学农业教师、大学工程和建筑课程教师、大学数学教师、大学医学教师、大学物理教师、大学社会科学教师、大学生命科学教师、研究生助教、成人教育教师等。

SIE：营养学家、饮食学家、海关检查员、安全检查员、税务稽查员、校长等。

SIC：描图员、兽医助手、诊所助理、体检检查员、咨询人员、社会科学教师等。

SIR：理疗员、救护队工作人员、手足病医生、职业病治疗助手等。

企业型 E

ECI：银行行长、审计员、信用管理员、地产管理员、商业管理员等。

ECS：信用办事员、保险人员、各类进货员、海关服务经理、售货员、采购员、会计等。

ERI：建筑物管理员、工业工程师、农场管理员、护士长、农业经营管理人员等。

ERS：仓库管理员、房屋管理员、货栈监督人等。

ERC：邮政局局长、渔船船长、机械操作领班、木工领班、瓦工领班、驾驶员领班等。

EIR：科学、技术和有关周期出版物的管理员等。

EIC：专利代理人、鉴定人、运输服务检查员、安全检查员、废品收购人员等。

EIS：警官、侦察员、交通检查员、安全咨询者、合同管理者、商人等。

EAS：法官、律师、公证人等。

EAR：舞台管理员、播音员、驯兽员等。

ESC：理发师、裁判员、政府行政管理员、财政管理员、工程管理员、职业病防治工作人员、售货员、商业经理、办公室主任、人事负责人、调度员等。

ESR：售货员、护士长、自然科学和工程的行政领导等。

ESI：博物馆管理员、图书馆员、古迹管理员、饮食业经理、地区安全服务管理员、技术服务咨询者、超级市场管理员、零售商品店店员、批发商、出租汽车服务站调度员等。

ESA：博物馆馆长、广告商、导游、（轮船或班机上的）事务长、飞机上的服务员、船员、法官、律师等。

常规型 C

CRI：簿记员、会计、记时员、铸造机操作工、打字员、按键操作工、复印机操作工等。

CRS：仓库保管员、档案管理员、缝纫工、讲述员、收款人等。

CRE：标价员、实验室工作者、广告管理员、自动打字机操作员、电动机装配工、缝纫机操作工等。

CIS：记账员、顾客服务员、报刊发行员、土地测量员、保险公司职员、会计师、估价员、邮政检查员、外贸检查员等。

CIE：打字员、统计员、支票记录员、订货员、校对员、办公室工作人员等。

CIR：校对员、工程职员、检修计划员等。

CSE：接待员、通信员、电话接线员、旅馆服务员、商学教师、旅游办事员等。

CSR：运货代理商、铁路职员、交通检查员、办公室通信员等。

CSA：秘书、图书馆员、办公室办事员等。

CER：邮递员、数据处理员、航空邮件检查员等。

CEI：推销员、经济分析家等。

CES：银行会计、记账员、秘书、速记员等。